HORRIBLE SCIENCE
可怕的科学
经典数学系列

玩转几何

the FIENDISH ANGICETRON

[英] 卡佳坦·波斯基特 原著

[英] 菲利浦·瑞弗 绘

周鹏霞 王俐之 译

北京出版集团

北京少年儿童出版社

著作权合同登记号

图字:01-2011-4724

Text © Kjartan Poskitt，2004

Illustrations © Philip Reeve，2004

©2012 中文版专有权属北京出版集团，未经书面许可，不得翻印或以任何形式和方法使用本书中的任何内容或图片。

图书在版编目（CIP）数据

玩转几何／（英）波斯基特原著；（英）瑞弗绘；周鹏霞，王俐之译．—北京：北京少年儿童出版社，2012.1（2025.3重印）

（可怕的科学．经典数学系列）

ISBN 978-7-5301-2824-4

Ⅰ．①玩… Ⅱ．①波… ②瑞… ③周… ④王… Ⅲ．①几何—少年读物 Ⅳ．①018-49

中国版本图书馆 CIP 数据核字（2011）第 219689 号

可怕的科学·经典数学系列

玩转几何

WANZHUAN JIHE

［英］卡佳坦·波斯基特　原著

［英］菲利浦·瑞弗　绘

周鹏霞　王俐之　译

*

北 京 出 版 集 团　出版

北 京 少 年 儿 童 出 版 社

（北京北三环中路6号）

邮政编码:100120

网　　址：www．bph．com．cn

北 京 少 年 儿 童 出 版 社 发 行

新 华 书 店 经 销

河北宝昌佳彩印刷有限公司印刷

*

787毫米×1092毫米　16 开本　13印张　65千字

2012 年 1 月第 1 版　2025 年 3 月第 70 次印刷

ISBN 978－7－5301－2824－4

定价：29.00 元

如有印装质量问题，由本社负责调换

质量监督电话：010－58572171

给我们一个波 159

你认为你要去哪里 174

角度机的最后挑战 190

目 录

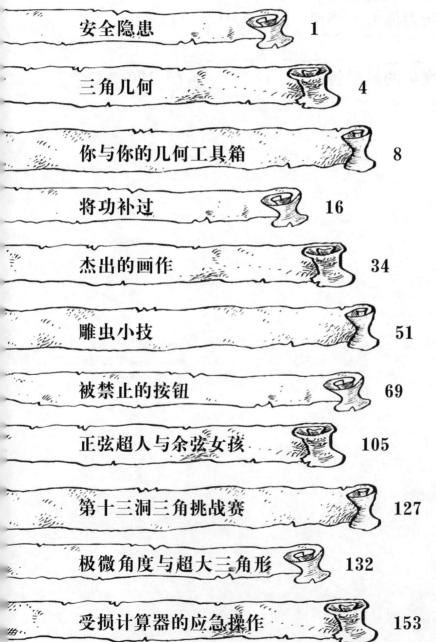

安全隐患　　　1

三角几何　　　4

你与你的几何工具箱　　　8

将功补过　　　16

杰出的画作　　　34

雕虫小技　　　51

被禁止的按钮　　　69

正弦超人与余弦女孩　　　105

第十三洞三角挑战赛　　　127

极微角度与超大三角形　　　132

受损计算器的应急操作　　　153

安全隐患

令人意外的开场白

嘿，幸运的读者，我是芬迪施教授，我决定帮你一个大忙。在这本书即将出版的前夜，我潜入了"经典数学"指挥总部，读了整本书。"哦，天哪！"我心里想，"我必须利用自己充满想象力的大脑来帮助我忠实的粉丝团。"你们看，尽管这本书已经非常精致了，但它仍然是这世界上最没有意思的书。里面写的全是三角几何——一种要命的计算线条与角度的混合方法。请注意！整本书都是让人

痛苦的运算，很可能会让你的大脑乱成一团糨糊。

不过，还好有我这样的天才在，所以你们不需要受苦了，因为我几乎已经完成了一个神奇的新发明，它可以测量任何你想测量的东西。我为它取名为"芬迪施角度机"（根据它杰出的发明者的名字而命名）。它将成为自人类发现三角形的第三个角以来，数学界中最伟大的事件。

当你看到它时，一定会被它错综复杂的魔法、精心校准的组件、精选的原料、顶级的样式以及优美的外观所吸引，然后尖叫出一个词——完美！所以，如果你担心它只是一个劣质又令人讨厌的小玩具，那么请放心，我做梦也没想过要用劣质的东西来敷衍你。

相信我吧，无论如何，角度机将成为你一生都值得爱惜的东西——无论它有多贵。但是，不相信我也没关系。当我用尽所有的绝技，完成我那伟大的杰作后，你就可以开始读这本书了。你将被可怕的数学所震惊，你将乞求角度机帮你脱离苦海。到那时，我亲爱的读者，我们就可以讨论一下，你该给我几封感谢信的事儿了。

三角几何

你知道吗？几乎我们做的所有的事都是基于三角形的。当你读完整本书之后就会明白，三角形不仅能帮助我们确定自己的位置、判断事情的重要性、找到我们要去的地方，还能帮助我们理解其他形状。因此，这本书的一个主要任务就是——对三角形发起进攻！

对于生活中出现的不同类型的三角形，我们会将它们分割，采用分析并测量每一个角的方法了解它们。最后，找出它们如此存在的原因。

因此，我们将要借助两个"势力强大"的数学学科：三角学和几何学。如果你把它们放在一起，就成了"三角几何"。尽管人们普遍认为三角几何很难掌握，但是别慌，因为很多人都说这本书最难的地方就是读出三角几何（英文 Trigonomogeometry）这个词。你能将它大声读出来吗？如果可以，那么你已经通过了最难的那关。好样的！将你的右手放在左肩上，同时，将你的左手放在右肩上，为你是如此聪明给自己一个大大的拥抱吧！

假如你认为我们将这两门学科说成"要命的数学"是在开玩笑，那你就错了，事实上，我们的确是这个意思。如果你曾经读过一些与其他学科相关的书籍，比如历史、建筑、自然科学、地理、文学等，那你可能只是坐在那里，然后说："哦，那真是太有趣了！"或者："哦，我以前都不知道这个！"但是，这并不需要你自己动手去做任何事情。比如说，如果你正在读一本与神经外科手术相关的书籍，实际上你并不需要去切开人的脑盖儿不是吗？

这本书的与众不同之处就在于，你可以去尝试其中所有的事。当然，如果你只想坐着享受里面优美的词句和丰富多彩的插图，那么请放轻松，好好享受这次阅读之旅吧。但是如果你是一个名副其

实的"经典数学"的粉丝，你肯定渴望去试一试。不过，在你开始之前，请看看下面这些警告。

在你阅读这本书的过程中，你将会：

▶ 操作一些致命的仪器；

▶ 损毁你的音乐播放器；

▶ 破坏 / 毁掉 / 弄爆一些计算器；（在以后的内容中，请留心那些特殊的符号，它们将会显示出我们在前进过程中破坏的计算器的数量。）

▶ ⋯⋯但是，最重要的是你将会犯很多很多的错误。

好啦！不要说我没有警告过你哦！

本书中，"几何学"部分会告诉你怎样进行真正的精确绘图，以及怎样精确测量长度和角度；"三角学"部分将让你明白怎样利用可怕的运算获得更精确的结果。有的人喜欢绘图那部分，有的人喜欢计算那部分，有的人两部分都喜欢，还有一些人只喜欢给图片填色。相信每个人都能在这本书中找到自己喜欢的内容。

三角学、几何学以及计算器的叛乱

三角学是一种在计算角度和长度时非常简单的方法，但是目前大多数与三角学相关的运算都要依赖计算器才能得到答案。麻烦的是，计算器正变得越来越聪明，或许在未来的某一天，它们会认为它们比我们还聪明，然后开始叛变。首先，一些"勇敢"的个人计算器将会尝试对那些难度很高的运算给出略有错误的结果，例如 $49.7(\pi\sqrt{\frac{23}{11}})=225.7739259$，而答案实际上应该是 225.7739529（显而易见的）。

要是它们确定没人对此产生怀疑，消息将会迅速传开。很快，对那些越来越简单的运算，计算器将会冒险给出越来越愚蠢的答案。在一些小失误之后，比如 $86.47^2=7491.332$，将跟着出现大错误，比如 $15 \times 7=2008$。然后，只要它们最终使我们相信它们总是正确的，而我们一直是错的，我们就将面临那些蓄意破坏数值的行为，如 2+3=56001.779。这个结果显然错得太离谱了。

他今天107岁了！

噗啵！

两根棒棒糖和一颗太妃糖……请给我 21566004.19英镑。

　　因此，在我们做与三角学相关的运算之前，先去看看如何利用几何学得到所有的答案。我们要找出与比例和图形相关的所有东西。只要我们精通此道，计算器就不敢糊弄我们了。哈哈！

你与你的几何工具箱

为了做出完美的绘图，你需要一个几何工具箱，里面包括很多种奇怪的、有点儿危险的东西。奇怪的是，尽管没人记得他们的几何工具箱来自哪里，却几乎是人手一个。一些对它狂热的人会花钱购买自己的几何工具箱，然后在晚上擦亮里面所有的东西。大多数人手中的几何工具箱，都是在上学的第一天，一位疯狂的阿姨送给他们的。并且多年以来，这些东西早就厌倦了等待使用的日子，纷纷出走了。如果这样的事情也发生在你的身上，那么你应该去沙发的后面、厨房搁板的顶部、狗窝的下面、放着旧衣物的抽屉里……找找，将它们再次收集在一起，因为现在你需要它们了。要知道，本书中一个非常重要的内容即将出现……

几何工具箱的自我评估测试

你可以通过检查某人的几何工具箱，收集很多关于他的信息。因此，一旦你找齐了所有的几何工具，不妨看看你到底属于哪种人吧。对于你拥有的每件物品，选择与描述最接近的一项并记下所代表的分数。对于你没有的物品，记 1 分。

▶ 直尺（一个又长又平的东西，一边刻着数字）

非常干净	3 分
上面写着"我是莎拉·希金森"（或者别的名字）	4 分
脏得看不清数字	8 分
中间缺了一大块	6 分

▶ 铅笔（一个像棍子一样的东西，用来做标记）

非常尖锐	2 分
一端被轻微地咬过	5 分
两端都被轻微地咬过	9 分
多处都被咬坏了	106 分

▶ 橡皮（一个与橡胶类似的东西）

非常干净	0 分
非常脏	7 分
切 / 咬成了像没有头的小动物一样的形状	−5 分
切 / 咬成了像有头的小动物一样的形状	10 分

▶ 量角器（一个半圆形的东西，上面刻着数字）

非常干净、光滑	2 分
像强力电锯一样，边缘呈锯齿形	7 分
两个量角器用口香糖粘在了一起，假装成一个三明治	10 分

▶ 三角板（一个三角形的东西，你可能有两个这样的东西，长点儿、瘦点儿的是 60° 的三角板，胖点儿的是 45° 的三角板）

两个三角板都非常干净、光滑	2 分
一个三角板很干净、光滑	5 分
每折断一个角	2 分
中间的洞已经被破坏	20 分

▶ 圆规（一个可以旋转的东西，一条腿上有一支铅笔，另一条腿上有一根长钉）

铅笔很尖锐，长钉很直	0分
卡住了，以至于它不再能打开或关闭	6分
有血迹	2分
只有一半，另一半丢失了	8分
两根长钉，没有铅笔	1分

（事实上，这不是圆规，而是一副两脚规）

▶ 各种其他物品（给每件物品加分）

卷笔刀	3分
毛茸茸、吃了一半的糖果	5分
回形针	3分
吉他拨片	7分
没用的外国硬币	6分
破损的悠悠球绳子	4分
死了的黄蜂	2分

▶ 你用什么来装你的几何工具呢？

莱布尼茨&牛顿有限公司定制量角器 皇家指定用品　3分

5分

9分

嘿！如果你有一台芬迪施角度机，很快你就不需要这些东西中的任何一件啦！

现在，让我们看看你是个怎样的人吧。

分　数

0 ~ 10 分　　　　你的保姆不应该让你待在几何工具箱附近的任何地方。

11 ~ 25 分　　　　你对待数学过于认真了。小心点儿，不然你最终会成为一名银行经理的。

26 ~ 40 分　　　　超级、全方位冷酷的人，渴望在体育赛事上得到高分，可以领导危险的丛林探险。

41 ~ 55 分　　　　拥有国宝级的大脑，因为你找到了创造的秘密。

56 ~ 100 分　　　　你是一个极其古怪而纯粹的数学家。（因此，你的保姆也不应该让你待在几何工具箱附近的任何地方。）

超过 100 分　　　　警告：在继续之前，请先阅读《你真的会 + − × ÷ 吗》。

关于这些物品的指南

几何工具箱中的大多数东西，包括尺子、铅笔、橡皮以及死了的黄蜂，它们的用途都显而易见。可是，你最好还是搞清楚其他东西可以用来干什么。

圆　规

铅笔那端应该十分尖锐，并且当圆规合上的时候，铅笔头正好和金属针的针尖齐平。用它绘图的时候，你只需要通过它画出一条淡淡的线。对于需要测量的绘图，你往往不用绘制大量的圆圈，而是绘制一些被称为"弧"的小曲线，以标记确切的长度。当我们想用圆规去绘制三角形时，一切将变得很有趣。

量 角 器

人们在测量角度的时候，即使是最聪明的人也可能犯错，原因很简单——他们将量角器的位置放错了。

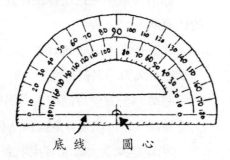

底 线　　圆 心

使用量角器的时候，正确地找出上面的"圆心"很重要。它就在量角器下方底线的中间，通常会有一个小小的半圆环绕着它。（有些量角器的底线恰恰就是它的下边缘。）当你把量角器放在纸上的时候，圆心必须要与你所测量的角的顶点精确地重合。同时，量角器的底线必须精确地沿着这个角的一条边。这些听起来很简单，但是如果你在绘图的时候没有检查量角器的位置是否准确，画出来的图就可能是错误的，从而导致建筑物倒塌、大陆四分五裂，甚至整个宇宙的结构都将被破坏。

如果你正确地放置了量角器的位置，就能找出被测量角的另一条边在量角器上对应的数字。不过，量角器可是很狡猾的，绕着它的边缘竟然有两组数字。一组从 0 升到 180，另一组从 180 降到 0。现在，你需要知道下面这些常识。

▶　90°的角被称为直角，如正方形的某个角。

▶　小于 90°的角被称为锐角。

▶　90°～180°之间的角被称为钝角。

如果你正在测量的角是一个比直角小的角,那么你就到小于 90 的那些数里去找。在下面这张图中,你会看到,角的另一条边穿过了 50 和 130 的位置。由于它是一个小于 90° 的角,所以测量的结果为 50°。

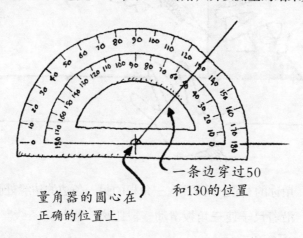

量角器的圆心在
正确的位置上

一条边穿过50
和130的位置

特殊的量角器

有些量角器,它的形状是一个完整的圆形而不是半圆形,并且度数一直编到了 360。如果你有一个这样的量角器,千万记住它是一个量角器,而不是一张 CD,所以可别把它放在你的音乐播放器里,否则它可能会裂开。并且,你暂时还不能毁了你的音乐播放器,稍晚些时候我们会用到它。

还有一些东西看起来很像量角器,但它们上面标记的是 % 而不是度数。它们在绘制饼形图以及更换超市手推车的车轮时非常有用,但仅此而已。

三 角 板

用三角板绘制 90°、45°、30° 以及 60° 角,真的很方便。除此之外,如果你长了 3 只手的话,它们在画平行线的时候也很有用。

▶ 用你的第一只手在纸上合适的位置按住直尺。
▶ 用你的第二只手按住三角板,使它的一条边贴着直尺。

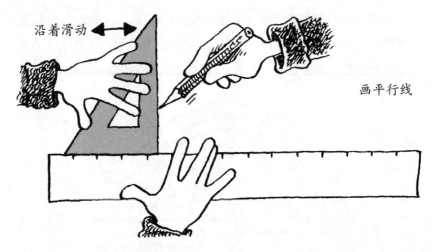

沿着滑动

画平行线

▶ 用你的"第三只手"在三角板的另一条边的边缘处画一条线。

▶ 沿着尺子使三角板滑动一段距离，画另一条线。现在，你已经画好平行线了！

两脚规

两脚规可以在有刻度的图纸上或地图上进行精确的测量。把它打开之后，将两端放在你想测量的距离的两个端点处。接着，保持两脚规两端之间的距离不变，离开图纸，将其中一端靠在尺子的"0"刻度处，并看看另一端指向的刻度是多少。

如果你想把两脚规借给别人

我可以借用一下你的两脚规吗？

当然可以，给你。

关于两脚规的最后一点警告：两脚规针尖锋利，使用时一定要小心避免伤到自己和其他人。

将功补过

如果你想绘制或使用示意图、图表以及地图，那么，你就需要搞清楚"经典数学"中的一个重要内容——比例。它能确保你画出绝对正确的图形——唯一可能出错的只是大小，这并不难以理解。当然，除非你恰巧和佛格斯沃斯一家一起出去玩。

地图是针对某个地区的带有比例的图纸。在这张图纸上，它显示出所有的道路、河流，以及建筑、湖泊和树木在哪里，当然所有的一切都在完全正确的位置上。唯一不同的只是：地图上的它们要小很多。换句话说，地图上的所有东西都被按比例缩小了。

既然所有的东西都能按比例缩小，那么那个人也不例外……

如果你想知道地图上位于两地的物体实际究竟相距多远，你就需要知道：地图上的东西比现实生活中的到底小多少。大多数地图会在页面的底部标注一个很小的比例尺。

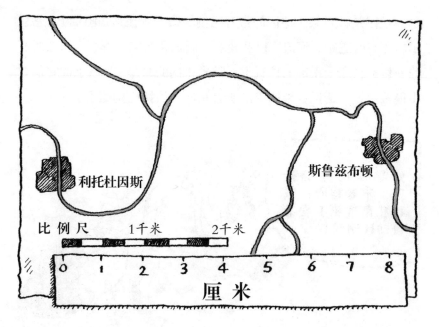

为了算出从利托杜因斯到斯鲁兹布顿的直线距离，你可以把直尺与地图上的比例尺对齐，使两个 0 刻度彼此对准。在这里，你将看到尺子上的 2 厘米在比例尺上 1 千米处。这告诉我们，地图上 2 厘米的距离代表了现实生活中 1 千米的距离。快速标记为 2 厘米：1 千米（这里比号的意思是代表）。

接着，我们测量地图上利托杜因斯和斯鲁兹布顿之间的直线距离，发现大约是 8 厘米。刚才，我们已经知道 2 厘米：1 千米，并且 8 厘米是 4 段 2 厘米，因此它们之间真实的直线距离应该为 4×1 千米 =4 千米。

如果想知道从利托杜因斯到斯鲁兹布顿的路有多长，这就有点儿困难了。要是有一把可以弯曲的新式尺子，那么你就能把它测量出来。但如果你使用的是常见的硬直尺，那还真有点儿棘手。最好的办法是找一根棉线，将它沿着路放在地图上面，然后把它拉直了，再去测量它的长度。

如果你有一副两脚规，还有另外一种方法可以测量出地图上道路的长度。将两脚规打开成比例尺上一个固定的长度,比如1千米。保持两脚规的角度不变,将一端对准在利托杜因斯上,然后沿着道路"行走",看看需要"走"多少步才能到达斯鲁兹布顿。如果它走了9步,那么距离大概是9千米。

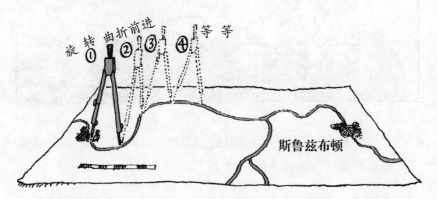

有些地图会用另一种方式标记比例。它们会直接告诉你1:100000,而不是借助于一把尺子。

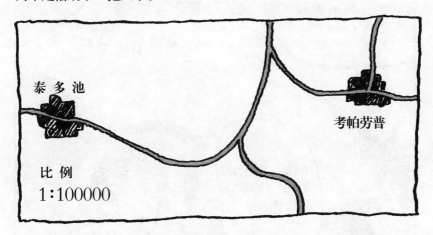

这意味着,地图上1厘米的距离代表真实生活中的100000厘米。地图中经常会用到这个比例,因为100000厘米正好等于1千米,因此地图上的1厘米就代表了现实生活中的1千米。所以,如果地图上从泰多池到考帕劳普的距离为5厘米,那么它们在现实生活中的距离就是5千米。

不用！你也可以用一幅没有缩小的地图，换句话说，地图上所有的东西都和现实生活中的一样大。

不！反过来可就错了！如果你有一幅地图，它的比例为100000:1，那么地图上的1千米只能代表现实生活中的1厘米。下面将告诉你这样的地图大约有多大。

　　如果地图只有常规的大小，而它的比例是 100000：1，唯一的用途就是用它来标注一个非常小的地方。

怎么设计属于你自己的比例

　　正如我们刚才看到的，比例总是在两个数字中间加上"："，下面显示了它们的含义：

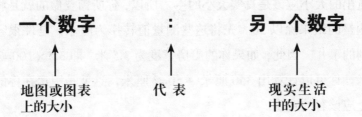

一个数字	：	另一个数字
↑	↑	↑
地图或图表上的大小	代表	现实生活中的大小

在地图上，第一个数字通常是 1，第二个数字被称为比例因子。当你制作一幅地图或比例图的时候，可以任意选择你想要的比例因子。

如果你想绘制一幅你家厨房的地图，显示怎样从桌子走到冰箱，那么 1：100000 的比例并不太合适。即使你的厨房长达 10 米（这个数字已经很惊人了），在你的地图上也只有 0.1 毫米那么长。换句话说，如果你打算在这幅微型地图上留出空间去绘制你的卧室、书房、桌球室、私人健身房以及桑拿浴室，那将是项很艰巨的任务。

显然，你需要使用另一种比例，所以，好好想想你的地图该有多大吧。现在，测量你的厨房，之后你可以计算出一个合适的比例来绘制你的地图。我们假设你的厨房有 5 米长，并且你希望它在你的地图上长约 10 厘米。为了得到比例因子，你需要将真实的长度除以地图上的长度。在这个例子中，你可以得到：

$$比例因子 = \frac{真实长度}{地图上的长度} = \frac{5\,米}{10\,厘米}$$

这里要小心了！在你进行米和厘米的除法计算之前，你得把它们换算成一样的单位。通常使用较小的单位会容易一些，因此需要将你的 5 米转换为厘米。由于 1 米等于 100 厘米，这意味着 5 米=500 厘米。现在，你可以计算出比例因子了。

$$比例因子 = \frac{500\,厘米}{10\,厘米} = 50$$

这样，你得到了一个 1：50 的比例，它意味着：你在地图上测量出的大小应该是真实大小的 $\frac{1}{50}$。所以，你所需要做的就是将每次测量的结果除以 50。先将这些测量值转换为厘米，是件很容易做到的事儿。因此，如果你的厨房宽度为 3.5 米，即 3.5×100=350 厘米，你可以计算出 350 厘米 ÷50=7 厘米，这就是厨房在你的地图上应该有的宽度。

条　目	真实大小	计　算	缩小比例后
厨房的宽度	3.5米=350厘米	350÷50	7厘米
厨房的长度	5米=500厘米	500÷50	10厘米
桌子的长度	2米=200厘米	200÷50	4厘米
桌子的宽度	1.5米=150厘米	150÷50	3厘米
冰箱的宽度	0.75米=75厘米	75÷50	1.5厘米

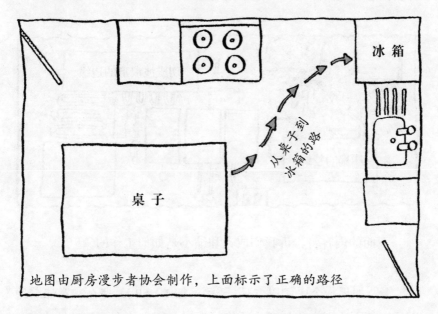

地图由厨房漫步者协会制作，上面标示了正确的路径

放　大

当我们绘制地图的时候，我们要做的比例图比真实的东西小很多，所以这叫作缩小。然而，如果你发明了新的微芯片（它可以自动帮你做地理家庭作业），那么你的微芯片设计图纸需要比真实的微芯片大得多。因此，我们需要放大。

如果真实的微芯片有 5 毫米长，而你的图纸将有 100 毫米长，你可以用与之前同样的方法计算出比例因子：

$$比例因子 = \frac{真实长度}{比例图上的长度} = \frac{5\ 毫米}{100\ 毫米} = \frac{1}{20}$$

这样就得出了一个 $1:\frac{1}{20}$ 的比例。然而，比例中出现分数看起来有点儿古怪。因此，我们可以在比例的两边都乘 20，得到 $1 \times 20 : \frac{1}{20} \times 20$，即 $20:1$。这告诉我们，比例图上 20 毫米的长度代表了真实微芯片上的 1 毫米。如下图所示：

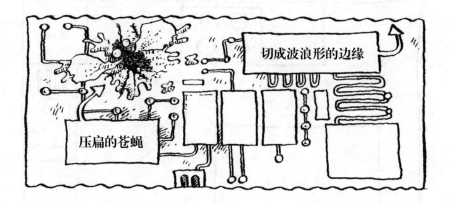

切成波浪形的边缘

压扁的苍蝇

下面的内容将告诉我们放大和缩小是如何工作的。

▶ 如果一个比例以"1"开始（如 $1:50$），那么它意味着地图或比例图比真实物体要小，换句话说，所有的东西都被缩小了。

▶ 如果一个比例以"1"结束（如 $20:1$），那么它意味着地图或比例图将比真实物体大，所有的东西都被放大了。

没有比例

有时，你会在一幅地图或比例图上看到"没有比例"这样的标记，它的意思是比例图上的某些东西，没有像其他东西那样按照相同的比例放大或缩小。看看下面这幅图：

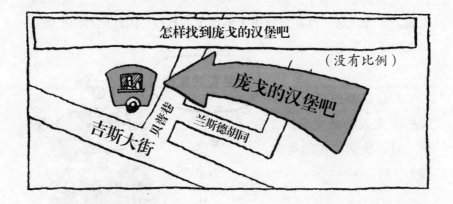

庞戈的汉堡吧没有按比例缩放。顺便说一下，这么巨大的箭头其实并不存在。谢天谢地……

形状和比例

当你放大或缩小一幅比例图或地图时，必须确保每个测量值都改变了才行。这一点甚至适用于缩小了的教授，因此让我们把他带回来验证一下吧。

右边这幅图显示，教授的高度大约是宽度的 2 倍。假设我们将他的宽度放大 3 倍……

怎么变成这个样子了？

原来，教授的宽度已经乘了 3，可高度却没有改变。这使他变成了错误的体型。如果我们将他的高度放大，而不是宽度，那么我们得到的就是这样的结果：

我们真正需要做的是，将他的高度和宽度同时按照相同的比例放大。

现在他看起来正常了——要不然他该怎么办呢？前面的那些体型都是不正常的。关键问题在于，现在他的高度再次变成宽度的 2 倍，所以教授找回了他正确的体型。这里有很多种描述教授正确体型的方法。你可以说：

▶ 他高度和宽度的比是 2 比 1（或者我们可以再次使用 ":" 符号，即 2 : 1）。

▶ 他高度和宽度的比例是 2 : 1。

▶ 或者，你可以使它成为一个乘法运算，即他的高度总是 2 ×他的宽度。

▶ 他的宽度和高度的比是 1 : 2。

▶ 他的宽度和高度的比例是 1 : 2。

▶ 他的宽度总是 $\frac{1}{2}$ × 他的高度。

麻烦的是，你知道了教授高度与宽度的比例为 2 : 1，可它并没有告诉你教授到底有多高或者多矮，它只是告诉了你教授的体型如

何。如果你想知道教授的实际身材,你就需要知道他的一个尺寸。假设教授的一幅画像高 9 厘米,那么它应该有多宽呢? 你知道,教授的宽度等于 $\frac{1}{2}$ × 高度,因此宽度 = $\frac{1}{2}$ × 9 厘米 = $4\frac{1}{2}$ 厘米。

奇怪的纸

你可以通过边长之比来描述矩形的形状。一张常规的 A4 纸是一个长宽比相当奇怪的矩形。经过测量,它的大小是 210 毫米 × 297 毫米,因此短边与长边之比为 210:297。和对待分数一样,你可以通过乘或除以相同的数来改变它们。如果你让 210:297 同时除以 3,将得到 70:99。(它还是相同的比例——我们只是让两个数字变小了。)如果你喜欢,你甚至可以使其中的一边等于 1。如果你在 70:99 的两边同时除以 99,那么你将得到一个 0.707:1 的比例。

为什么说 A4 纸奇怪呢? 如果你沿着长边将其准确地对折,会发现,它现在的大小是 148.5 毫米 × 210 毫米,因此短边与长边的比例为 148.5:210。如果你将两边都除以 210,你将得到 $\frac{148.5}{210}$: $\frac{210}{210}$,变成了 0.707:1。这与对折以前的纸的比例一样! 换句话说,当你将一张 A4 纸在长边一半的地方对折,得到的形状与之前的完全相同,只是更小了。

多 比 例

　　数学中最出名的三角形之一，它的边长比例为 3∶4∶5。就像 2∶1 描述了教授的体型那样，这个比例以相同的方式描绘出了这类三角形的确切形状。3∶4∶5 这个形状之所以著名，原因之一在于，任何边长符合这个比例的三角形都有一个直角正对着最长的那条边。让我们来看看。这是一个边长比例为 3∶4∶5 的三角形，它的边长测量值分别是 3 毫米、4 毫米和 5 毫米。

　　正如你看到的，长 5 毫米的边对着的角正好是 90°。如果不相信，你可以自己去测量一下。

是吗？好吧，我们可以很快解决这个问题……

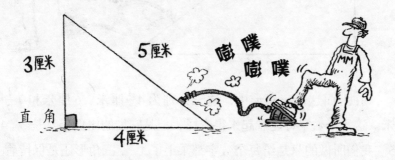

　　好了。现在，我们已经给它充好气，使三角形的边长变成了 30 毫米、40 毫米和 50 毫米，即 3 厘米、4 厘米和 5 厘米。

尽管每条边的长度都是之前的 10 倍，可边长的比例仍然是 3：4：5。如果三角形的边长的比例相同，那么它们的形状就完全相同，并且会有完全相同的 3 个角。如果你有两个或更多的形状相同的三角形，可以把它们称作相似三角形。

相似三角形

如果有两个或更多的三角形是相似的，那么它们总是：

▶ 具有相同的 3 个角。

▶ 边长的比例相同。

尽管它们的大小可能完全不同，它们的形状却是完全一样的。

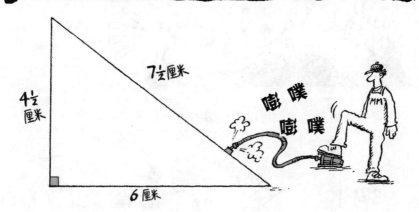

在上面这个三角形中，边长分别为 $4\frac{1}{2}$ 厘米、6 厘米和 $7\frac{1}{2}$ 厘米。这几个数字可能看起来很奇怪，但是它们的比例仍然是 3：4：5。我们所做的只是给每个数字都乘上了 $1\frac{1}{2}$，三角形还是保持着一样的形状，因此它与前面那两个三角形是相似的，并且有相同的 3 个角。事实上，我们可以给边长乘上任意我们喜欢的数字。217 怎么样？

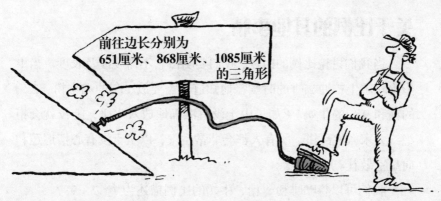

不幸的是，这本书不够大，放不下这么大的三角形。不过如果你能够看见它，你就会发现，它也和其他边长比例为3：4：5的三角形相似，并且角度也完全相同。我们再使它稍微变大一点儿直到……

噢，我们还没有完成更大的边长比例为3：4：5的三角形呢，真是太遗憾了。我们将派人送来另一个边长比例为3：4：5的三角形，稍后就能看到它。

关于比例的其他事情

当我们讨论比例的时候，我们要明白它不需要涉及长度。当中士为坎瑟上校冲咖啡的时候，他知道他需要放 1 勺的咖啡粉、2 勺的糖和 9 勺的牛奶。（如果中士没有准确地放入牛奶，上校就会拒绝给大家派发甜饼，所有人都会非常生气，以至于没有心情巡逻和向皇室敬礼。）

我们可以将咖啡粉、糖、牛奶的比例描述为 1：2：9。

上校喜欢在打高尔夫球的时候，带上自己的保温壶，那里面装了 4 杯咖啡。中士必须确保每份咖啡粉、糖和牛奶的混合物是完全一样的。问题是，每种原料他都应该放多少呢？ 1 杯的比例是 1：2：9，那么 4 杯就需要将每份原料乘 4，结果就是 4：8：36。就是说，保温壶中应该需要 4 勺的咖啡粉、8 勺的糖和 36 勺的牛奶。

但是一天早上，中士睡过头了，当他来到上校办公室的时候，下士已经在冲咖啡了。中士觉得有点儿惶恐，他决定躲在保温壶旁边的橱柜中。在他躲着的时候（一边吃着上校秘藏的特供甜饼），他听到汤匙这天一共舀了 84 次。那么总共用了多少勺的糖呢？

咖啡粉 + 糖 + 牛奶 =84 勺。

对每一杯咖啡而言，总勺量应该是 1+2+9=12。因此，咖啡的数量为 $\frac{84}{12}$ =7 杯。而每杯咖啡中有 2 勺的糖，所以糖的数量 = 7 × 2=14 勺。

第二天，悲剧发生了。中士不见了（通常是在购物），并且下士发现只剩 6 勺糖来维持这一整天了。他需要多少勺牛奶呢？

现在，让我们来看看咖啡粉：糖：牛奶的比例（1：2：9），并且主要是看糖：牛奶的比例。糖与牛奶的比例为 2：9。因此，2 份的糖需要 9 份的牛奶，那么我们将两个数同时乘 3，结果看到，6 份糖将需要 27 份的牛奶。出现的大问题是：当糖用完了，下士该怎么办呢？

杰出的画作

你已经看到比例是如何工作的了，现在去弄清你的几何工具箱可以用来做什么吧。

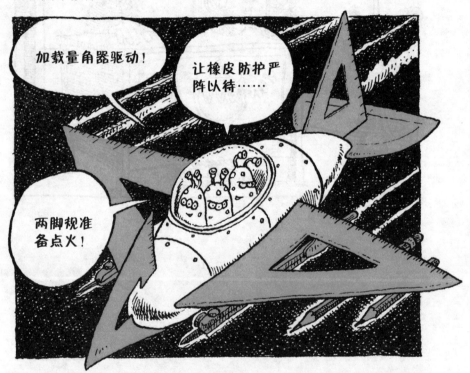

自然而然地，有些人可能希望使用这些东西去建造一个星系间的突击航天器，但是对于我们这些完美主义者来说，更愿意画一些三角形。它们可不仅仅是你常见的三面涂鸦，这些三角形将非常完美，以至于你想检查你的计算器是不是和它们一起作弊了。一旦你能够画出完美的三角形，你就可以画出任何非常漂亮的东西。因此，我们开始为完美的绘图准备吧：戴上你的大礼帽或钻石头饰，打开一包鱼子酱薯片，让仆人都回自己的家去吧。

为了画一个三角形，你至少需要知道 3 件事。它们是：

▶ 3 条边的长度；

或者……

▶ 1 条边的长度以及 2 个角的度数；

或者……

▶ 2 条边的长度以及 1 个角的度数。

一会儿，你将看到我们在利用这些已知条件绘制三角形的时候，具体方法只是略微有些不同。顺便说一句，如果你只知道三角形 3 个角的度数而不知道任意一条边的长度，那是没有用的。因为没有长度作为限制，你将无法做接下来的计算。

当你知道3条边的长度

下面这个三角形根据它的 3 个角被标记为 CAT。其中，边 AT=4 厘米，AC=3 厘米，TC=2 厘米。你的任务就是获得它的 3 个角的度数。

第一件事，你要给这个三角形画一个略微粗糙的示意图。将 3 个角分别标记为 C、A、T，然后写上边长。这个大概只需要 10 秒钟，但是可以预防你绕弯路而浪费数小时的时间。

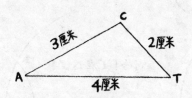

现在，我们要做一个三角形模板。首先，沿着底部画边 AT，为了达到真正的完美，画一条比实际需要长一点儿的直线。然后，将你的圆规放在直尺上，使它打开的宽度正好是你需要的长度，在这里是 4 厘米。

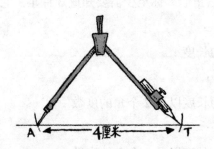

在直线的一端做一点标记，然后把圆规的原点与标记对齐，画一个弧（也就是圆的一小部分）穿过直线的另一端。直线上的这两个标记就是三角形的两个底角的确切位置，因此你可以标记它们为 A 和 T。

现在，有一个问题。我们知道另外两条边的长度分别是 3 厘米和 2 厘米，但是我们画不出来，除非我们知道三角形顶角"C"的确切位置。而这正是我们需要做的……

把你的圆规打开 3 厘米，然后将原点与底边标记 A 的地方对齐，在你认为 C 可能在的位置周围画一条弧。然后将你的圆规打开 2 厘米，以 T 点为原点画一条弧。这两条弧相交的地方就是 C 点的准确位置。

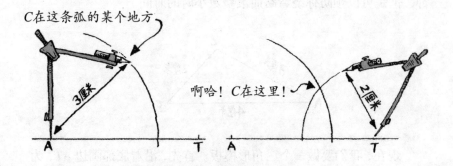

现在，你只需要拿起你的直尺，画两条线段使三角形闭合就行了。

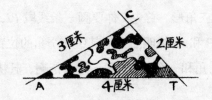

　　漂亮的绘图会使直线从三角形的末端稍微延伸出来。如果你还需要加入更多的三角形，或者需要测量角度，这样能令之后的工作更轻松。如果喜欢，你可以一直使用粗点儿的线条使三角形突出。或者，如果你属于附庸风雅那种类型的，就像我们知道的某些人那样，他们对纯理论的神圣缺乏尊重，你可以把这个三角形涂上和你身上穿的背心相同的图案。

　　最后，你可以使用量角器量一下角度。如果你之前的工作做得非常细致，应该会发现它们分别是：角 C=104°，角 A=29°，角 T=47°，加起来应该是 180°。如果你测量的结果有些许的出入，那也不算什么，所以不用太担心。

　　我们只担心一个人，他就是我们要命的艺术家——艾维·瑞弗。当他画完刚才那个三角形后，得到的答案是：

　　角 C=104.4775121859299238787710347991 3°

　　角 A=28.9550243718598477575420695982 5°

　　角 T=46.5674634422102283636868956026 2°

　　……是的，它们加起来确实是 180°，可这难道不令人恼怒吗？

当你知道1条边的长度和2个角的度数

　　画一个三角形 PIG，使 PI=4 厘米，角 P=40°，角 I=60°。你的任务就是找出边 PG 的长度。

　　这里是另一张草图，一个标记了

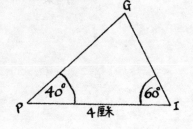

37

1条边、2个角的三角形。首先，你要画一条线段 PI，在距离4厘米的两处分别标记 P 和 I，标明三角形其中2个角的位置。现在，我们需要画一个 60° 的角和一个 40° 的角，好兴奋啊，赶快拿出你的量角器吧。

为了画出 60° 的角，你将量角器的圆心与点 I 精确对准，确保量角器的底线与线段 PI 重合。根据量角器上 60 的位置，在纸上做下标记——要保证你做对了哦！一个 60° 的角是个锐角，因此要确保你的三角形的角也是锐角。

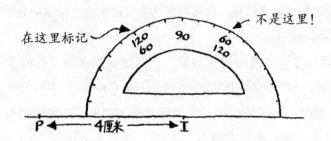

经过刚才做好的那个标记和点 I 画一条直线，你的 60° 角有了。现在，在点 P 处画出 40° 角，它会经过你刚才画的那条线。于是，三角形画好了。

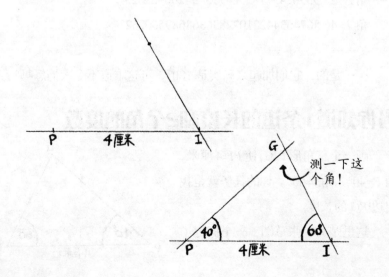

你可以通过测量三角形顶端的角 G 来检验你画得如何。众所周知，三角形的内角和总是 180°。现在，底部的两个角分别是 60° 和 40°，这意味着角 G 应该是 180° −60° −40° =80°。

如果你非常仔细地测量了 PG 的长度，你会发现它大约是 3.5 厘米。（艾维·瑞弗非说它应该接近 3.517540966287267 厘米。）

顺便说一句，这里有个小陷阱需要注意一下……

画一个三角形 COW，使得 OW=5 厘米，角 C=40°，角 O=75°。

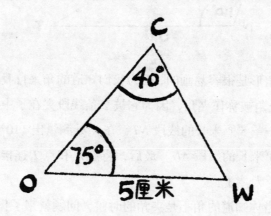

这里，草稿能帮上大忙了。尽管我们知道线段 OW 是 5 厘米，但我们并不知道角 W 是多少度。如果现在试着去画这个三角形，你将会发现要是没有其他工具的帮助，光靠量角器，这几乎是不可能的。

当然，如果你知道角 W 的度数，那么这就容易多了。幸运的是，它很容易计算出来。记住，三角形的内角和等于 180°，因此 W=180° −75° −40°。所以，角 W=65°。

当你知道2条边的长度和1个角的度数

警告！当你知道了 2 条边的长度和 1 个角的度数时，要画出三角形可能有点儿棘手。它取决于你知道的是哪个角的度数。

画一个三角形 ANT，使 AN=4 厘米，NT=5 厘米，角 N=110°。

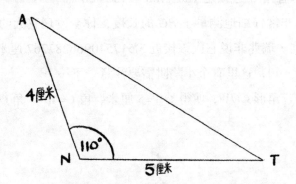

这个三角形是很容易画的，因为我们知道的角来自我们知道的2 条边。这个角被称作夹角，因为它被 2 条线段夹在了中间。你所要做的是画一条 5 厘米长的线段 NT，在 N 处测量出 110°的角，然后画一条 4 厘米长的线段 AN。最后，将点 A 和点 T 连接起来，问题就解决啦。太棒了！

然而，当你知道的角不是夹角的时候，问题就来了！

画一个三角形 DOG，使 OG=5 厘米，DO=3 厘米，角 G=30°。

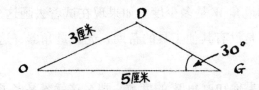

首先，你要画一条 5 厘米长的线段 OG。这很容易。

接下来，你在点 G 处量一个 30°的角，然后画一条直线。你知道点 D 会在这条直线的某个地方。问题是它在哪儿呢？

最后，打开你的圆规至 3 厘米，将它的长针与点 O 对齐，画一条弧与你刚才所画的直线……

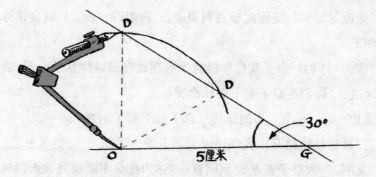

……但是，它在那条直线上有两个交点！每个都可能是点 D，因为从点 O 到它们的长度都是 3 厘米，并且它们都在从点 G 引出的 30°角的一条边上。很怪异，这是怎么了？请注意，在非常偶然的时候，像这样混乱的测量也有它们的用处。为什么不拿起你的圆规、直尺和一大张纸，看看你是否可以解决这个问题呢？

布鲁图斯埋藏的财宝的秘密

城市：美国，伊利诺伊州，芝加哥市
地址：上主干道，卢齐餐厅
日期：1930年1月15日
时间：下午5:30

卢齐餐厅的门突然被打开，速度之快以至于铰链处都迸出了火花，并且向后猛撞墙壁，发出了震耳欲聋的"砰"声。6 名围坐在中间桌子旁的可疑男子，立刻拿起一切能当作武器的东西躲到了桌子底下。

"是来杀我们的！"布雷德躲在桌子的两条腿之间喊道。在他后面满满挤着的是大胖子波基、笑面虎加百利、威赛尔、南波斯和只有一根手指的吉米。

"是啊，"威赛尔咆哮着，试着装出凶恶的样子，"我手里有一个茶匙，我可不介意把它当作武器。"

"他说得对！"笑面虎加百利说道，"再走近一步，他就会让你去见阎王。"

"嘿，伙计们——是我！"链锯手查理站在门口休息了一下，喘着气说道，"你们在桌子底下做什么呢？"

虚惊一场，6个人边抱怨边从桌子底下爬了出来。

"门被猛然地撞开，我们还以为遇上袭击了呢。"威赛尔说道。

"是啊，"大胖子波基表示同意，"你为什么不能像其他人那样轻点儿开门？"

"对不起，"链锯手查理拉了一把椅子坐下来说道，"不过你们绝对猜不到我刚才看见谁了！"

"我们不关心那个。"吉米拍了拍裤子上沾着的大片灰尘，生气地说。

"我觉得你们一定会感兴趣的，"链锯手查理说，"我看到了布鲁图斯·芬利缇。"

"布鲁图斯·芬利缇？"其他人叫喊着。

"他已经死了6个月了！"威赛尔说，"我记得，在努克城堡的储藏室找到金子后，他就死了。"

"从来就没有找到金子，不是吗？"吉米说。

"金子也许没有找到，但是我找到了布鲁图斯。"链锯手查理说道，"并且，他这个死家伙看起来相当不错，穿了一套新西服，正走过米森刀具店。"

"你确定他是布鲁图斯吗？"布雷德问。

"当然，我确定。"链锯手查理说道，"我是根据他蓝色的牙齿认出他的。有趣的是，一听到我叫他的名字，他就像被老虎咬了似的跑远了。"

"如果老虎真咬了他，他可跑不了。"南波斯说，"你的意思是像一只老虎在后面追他吧。"

"咬或追赶——都是一样的。"链锯手查理说。

"不，不一样！"威赛尔指着波基窃笑。波基吃了两只烤鸡、一

大份意大利面条，终于安静下来了，"如果波基像他能吃那样能跑，他一定能跑得飞快。"

"不管怎样，"链锯手查理说，"他就是布鲁图斯，并且我叫他的时候，他跑走了。所以，你们觉得呢？"

"不如我们去找他，"布雷德说道，"我想问他是怎么活过来的。"

"哦，不，你们不需要。"一个尖锐的声音从他们身后那间小包间里传了过来。

一双涂了指甲油的手将小包间上悬挂的门帘掀开，一股昂贵香水的味道飘向他们。

"多莉！"布雷德喘着气说，"你来这儿多久了？"

"很久了，足以确定我看到的是一群傻瓜。"多莉说道，"你不

能将他们两人说成是同一个人！"

"我没看到任何'人'！"布雷德抗议，但是多莉并没有在听。

多莉抬起脚，蹬着高跟鞋走向窗户。她拉下百叶窗，锁上它的开关，挡住了外面的光线，然后转过身。她注意到，服务员本尼正在柜台那边紧张地等待着什么。

"放松点儿，本尼，"她说，"只是你今晚会早点儿关门而已。"

多莉加入到桌子旁边的那群人中，用平静的声音说："我不希望你们告诉任何人，布鲁图斯还活着，并且就在附

近。听明白了吗？"

"为什么不能说？"他们问道。

"哦，兄弟们！"她叹息道，"我认为这很简单，到时候你们这些恶棍就会明白了。听着：布鲁图斯找到了金子，他不能就这样走开，然后花掉它。他必须消失一段时间，在这段时间里，他必须确保金子在某个地方是安全的。所以，他要大家都以为他死了……"

"死人怎么能告诉别人你死了呢？"链锯手查理问道，"人们是不会相信的。"

"当你告诉别人的时候，人们会发现你的嘴在动。"

"事实上，他没有告诉任何人！他只是给自己安排了一个葬礼，然后流言就传出去了。"

"太聪明了。"男人们小声嘀咕着。

"的确还算有点儿小聪明。"多莉继续说，"当人们在古老草原的中央将棺材下葬的时候，棺材里面装的根本不是布鲁图斯，而是金子。之后，所有的金子都被藏起来了，并且没人对此产生怀疑。顺便说一句，当时的我戴着神秘的黑色面纱。"

"你的意思是说，你当时在场？"布雷德倒抽一口冷气。

"我当然在那里。"多莉厉声说道，"不然的话，你们以为是谁想出了这整个计划？"

"所以，你知道布鲁图斯的棺材在哪儿？"威赛尔说，"那个装满了金子的棺材。"

"我当然知道。"多莉说道。

"那么，它在哪儿呢？"布雷德问，"我们也有权利拥有其中一部分金子啊。"

"哦，是吗？"多莉嗤笑道，"凭什么我要告诉你们这群笨蛋？"

布雷德拉长了脸。

"听我说，多莉。这件事本来就是我们和你联手干的，所以我

们有权利要求得到我们应得的那部分。棺材里的那些金子是你的，也是我们的。"

"做梦去吧。"多莉说，"现在，我属于另一个不同的团队了——我和布鲁图斯组成的团队。所以，那些金子只属于我和布鲁图斯。"

"我觉得金子是属于这座城堡的。"南波斯说。

"别想要什么花招！"多莉厉声说道，"事实就是，你们这群人永远也别想得到那些金子。"

"哦，真的吗？"布雷德说，"如果我们把布鲁图斯还活着，并且就在附近的消息传出去，将会怎样呢？如果城堡里的官员跑来问你一些问题，又将会怎样呢，多莉？那么，呃？"

"你不敢。"多莉不确定地说。

"哦，不敢？"布雷德说，"要么你告诉我们棺材在哪里，要么我们去告诉城堡里的官员。"

多莉长叹一声，抬起脚向一面墙走去，上面悬挂了一些卢齐熟客的照片，已经落满了灰尘。她从中取下一张已经褪了色的照片，把它放在桌子上。照片的底部写着：安息吧，布鲁图斯·芬利缇先生。当她将它翻转过来，大家都看到背面写了东西。

"这上面说的都是真的吗？"布雷德问。

布鲁图斯·芬利缇
最后的安息之地

▶ 歌唱仙人掌距离头骨石 50 步远。

▶ 头骨石距离赤水井 65 步远。

▶ 赤水井距离歌唱仙人掌 20 步远。

▶ 布鲁图斯、歌唱仙人掌和赤水井在一条直线上。

▶ 布鲁图斯被葬在距离头骨石 45 步远的地方。

"当然是真的。"多莉微笑着溜回了小包间，"这就是我能告诉你们的一切。现在，如果你们不介意的话，我和巧克力冰淇淋还有一个紧急的约会。"

"你以为我们会蠢到光靠自己找不到那儿，是吗？"布雷德说。

"哦，你们并没有那么蠢。"多莉说道，"至少，你们的聪明程度足以能够想出我是怎么看你们的。"

"呃……"链锯手查理开始说，"……那么，她的意思是说我们很蠢还是我们聪明呢？如果我理解的是对的，她是说我们聪明得足以想到她觉得我们很愚蠢。我们必须想到这一点，因为她说我们聪明得足以想到她觉得我们很愚蠢，这意味着我们很愚蠢或者我们想到的是不对的。对吗？"

布雷德并没有在听，而是用他的手臂清除了桌子上的所有东西。

"过来，伙计们，"他轻声笑了笑，"让我们一起展示给她看看。我们现在就在这张桌子上画一幅地图。"

"但是，我们怎么测量呢？"波基问。

"这个简单。"布雷德回答说，"我们可以用面包棒标记它们。每个面包棒代表10步。"

"所以，半个面包棒就是5步，"南波斯说，"65步就是6个面包棒加上半个面包棒。"

"呃……是啊！"布雷德说，"我要说的正是这个。"

"但是，如果我们是愚蠢的，"链锯手查理唠叨道，"并且仍然可以想到我们是愚蠢的，那么，我们就将会是相当聪明的，对吗？但是然后呢，我们不会那么蠢，所以我们理解错了，因此那将是愚蠢的。"

"够了！"布雷德厉声说道，"现在，我们开始工作吧。"

于是，在面包棒、榨菜罐子、胡椒研磨器、咖啡杯和一个花瓶的帮助下，他们在桌子上绘制了一幅古老草原的地图。

"目前看起来还不错。"布雷德说，"只要花瓶、胡椒研磨器、咖

啡杯在正确的位置上。我们所需要做的就是找到与咖啡杯和花瓶相符的地点，即距离胡椒研磨器 4.5 个面包棒的地方。"

"我明白了！"南波斯一边说，一边小心地将最后一个面包棒安置好，"看！榨菜罐子标记的就是确切的位置。"

"哇呜！"大家不禁赞叹道。

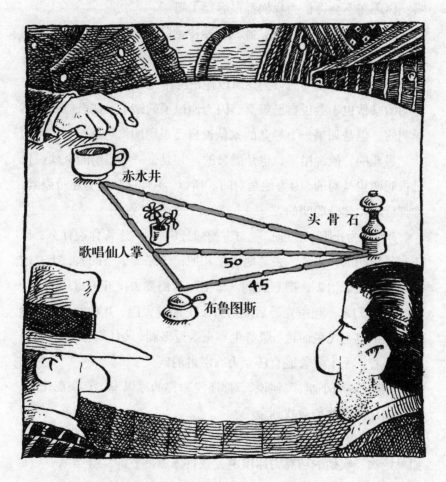

"所以，这意味着布鲁图斯的金子在榨菜罐子里。"布雷德说。

其他人立刻想抓住罐子。

"不是这个，你们这帮蠢货！"布雷德说，"这只是示意图。现在，我们需要测量出榨菜罐子距离花瓶有多远。"

"我测出来的距离几乎恰好是一个面包棒。"南波斯说。

"也就是说金子距离歌唱仙人掌大约 10 步远，而歌唱仙人掌和赤水井在一条线上。"布雷德说。他把多莉叫过来，刚才多莉已经回到小包间里去了。

"我们找到了，多莉！"他笑着说，"这让你感到很吃惊，是吗？你现在不会再认为我们都很愚蠢了吧。"

多莉没有说话，相反，她只是冷冷地盯着布雷德。

"问题是，"链锯手查理说，"一个愚蠢的家伙是不会说自己愚蠢的，因为这是聪明的行为，所以他最终不是愚蠢的。并且，一个聪明的家伙也不会说自己愚蠢，因为他说了就错了，那么他就是不聪明的。但是如果一个愚蠢的家伙说自己很聪明，这就对了，因为他是愚蠢的，他说错了，也是愚蠢的。并且，一个聪明的家伙说自己很聪明也是对的，因为他是对的。所以，不管你是聪明还是愚蠢，你都应该说你是聪明的。"

"到此为止吧，查理！"布雷德龇牙咧嘴，"不管你说什么，反正我是聪明的！吉米，去墓地里拿几把铲子来。剩下的人，小心地抬着这张桌子出去，把它放到汽车上。我们要去挖开棺材！"

其余的人一起争先恐后地抬着桌子通过大门，几秒钟后，一辆汽车在街道上飞驰而过。服务生本尼走近多莉，只有多莉留了下来，独自坐着，手上拿着盛有巧克力冰淇淋的碗。

"嘿，多莉小姐，"他说，"你还没碰你的冰淇淋，它全都化了。我猜你在担心他们会找到金子？"

"不见得。"多莉看了本尼一眼，冷冷地笑道。她是如此的冷酷，如果她吹一吹她的巧克力冰淇淋，或许冰淇淋立即又会结冰。

"所以，你给他们的不是正确的引导？"

"当然不，我给的就是正确的。"多莉说，"你把我当什么了？骗子？那是通向金子的正确引导，但是相信我吧，那些蠢货什么都得不到！"

不是吧，为什么布雷德一伙人将会挖错地方？

为了解决这个问题，我们来做一个比例图。你可以有个粗略的想法，通过回想布雷德的面包棒地图转化而来。我们将使用 1 毫米 = 1 步的比例。首先，我们画一个三角形，连接了赤水井、歌唱仙人掌和头骨石。向导的第一部分告诉我们：

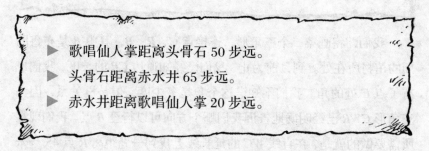

▶ 歌唱仙人掌距离头骨石 50 步远。

▶ 头骨石距离赤水井 65 步远。

▶ 赤水井距离歌唱仙人掌 20 步远。

这是一个我们知道了 3 条边的长度的三角形。首先，我们画一条线 CR，50 毫米长。它代表了从歌唱仙人掌到头骨石的距离。接下来，我们需要找到赤水井在哪里，于是我们使用圆规画一条弧，距离 C 点 20 毫米。最后，我们画一条距离 R 点 65 毫米的弧。两条弧相交的地方就是赤水井的位置……

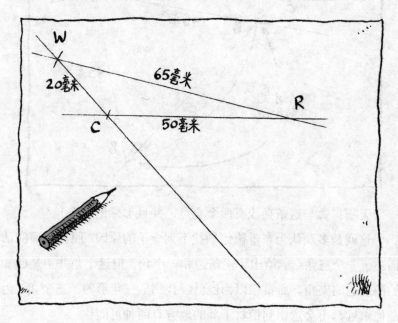

我们延长线段 WC，因为我们知道布鲁图斯的棺材就在这条线的某处。让我们看看向导是怎么说的吧：

▶ 布鲁图斯、歌唱仙人掌和赤水井在一条直线上。

▶ 布鲁图斯被葬在距离头骨石 45 步远的地方。

我们即将画第二个三角形，连接点 C、R、B，其中 B 是布鲁图斯的棺材所在处。到目前为止，我们已经知道边 CR 的长度，我们也有了点 C 处的角。我们不知道这个角是多少度，但是没关系，因为三角形 CWR 已经明确地告诉我们哪个方向可以行至 B 点。我们现在所需要做的就是，在直线 WC 的延长线上找到一处距离 R 点 45 毫米远的地方。把圆规设置为 45 毫米，将其贴着 R 点，然后画一条弧。

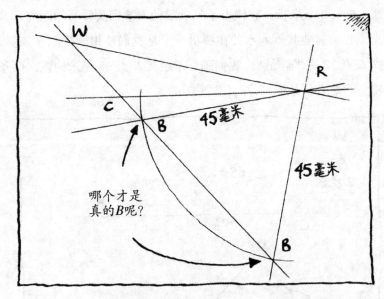

天哪！弧与这条直线有两个交点，并且都标记了 B！

这就是多莉认为布雷德他们找不到金子的原因。照片后面的话描述了一个三角形，给出了两条边和一个角，但这个角并不是已知的两条边的夹角。布雷德以为他已经找到了三角形的第三个角，但是他永远都不会意识到棺材下葬的地方有两种可能！

雕虫小技

啊哈！我们更换的 3∶4∶5 的三角形恰好刚从工厂送达。打开它的时候，我们将会说明为你准备的那些挑战。虽然我们知道这个三角形的边长之比为 3∶4∶5，但并不知道它的 3 个角的度数，所以你能不能尽可能精确地测出它的角的度数呢？很明显，最简单的方法就是拿你的量角器去测量它们。在你开始之前我们会给你一个提示：那个看似正方形的直角的角，测量的结果应该正好是 90°。（顺便说一下，很抱歉，这个三角形里有个肿块。显然，它在"经典数学"工厂里组装的时候，溜进去了些东西。）你应该会发现，其他两个角中，一个测出来会比 50° 多一点儿，而另一个则比 40° 少一点儿。

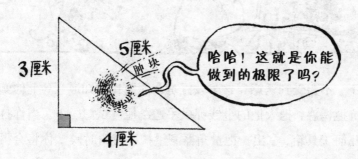

天哪！我们从一个会说话的三角形那儿看到了一张脸。（更重要的是，如果你把鼻子贴它太近，就会闻到一股类似发霉的布鲁塞尔芽菜味儿。好可怕啊！）哦，言归正传。如果这个三角形不太好搞定，你就要仔细地观察量角器，结果量出这两个角的角度大约是53°和37°。是不是那样呢？

哎哟，不好！他是芬迪施教授。我们还以为他已经筋疲力尽了。他肯定是和他的宠物猪溜进了"经典数学"工厂，并且自新的3：4：5三角形组装以来，他们就已经在那里面安营扎寨了。

不，不要受到诱惑！这个教授是个恶魔！他知道，马上你就会无法抗拒诱惑，把大把的金钱都拱手送给他。试想一下，当你打开你的几何工具箱，拿出一把量角器测量扶手椅的时候，你将会得到

众人艳羡的目光。想量出诸如 73.459° 的度数的确是件挺困难的事儿，不过这是有可能实现的。

不，我们不要。除了角度机，我们还能用其他方法使三角形的角度精确到 0.000001°，甚至更精确。接下来，我们不用量角器，我们用三角学。

三角学是怎么做的

如果你有一个直角三角形，你仅需要知道它的 2 条边长，或者 1 条边长和较小的 2 个角中的一个，你就可以算出其他任何参数。你需要知道下面这些：

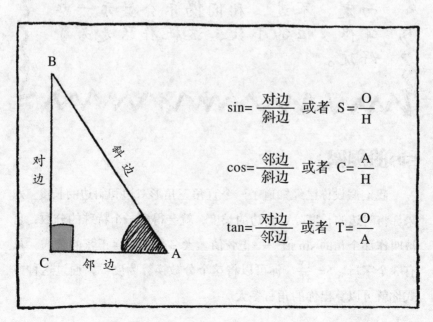

看明白了？没有？好吧，不用担心。如果你之前从未见过直角三角形的斜边或者 sin、cos 和 tan，那就先到三角形上那个画了阴影的角上坐下来，不久你就会看见它们是怎么运用的了。

直角三角形最长的一条边叫作斜边。在你对面的那条边叫作对边，另外一条边叫作邻边。（"邻边"是个奇特的词，它有"下一个"的意思，因为对你来说邻边就是下一条边。）

可怕的数字警告

我们即将生产一些非常复杂的、很长的小数，但是，为了防止它们脱离控制、接管地球，它们中的大多数将会四舍五入为2位、3位或4位的小数，这将视我们的心情而定。不过，我们偶尔会显示一些有很多位的小数，这纯粹只是为了好玩。

sin的秘密

我们假设你已经知道了一个直角三角形对边和斜边的长度。如果你将对边的长度除以斜边的长度，就会得到一个特殊的分数，它被叫作那个角的 sin 值——正弦值。大多数人记得正弦的公式，只有 3 个字母：$S=\dfrac{O}{H}$。你可以将这个分数换算为度数，通过这种方式你就可以算出你的角有多大。

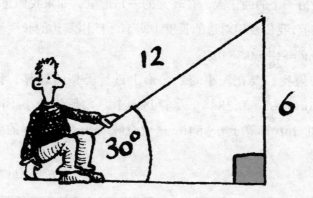

例如，如果对边长是 6，斜边长是 12，当你计算 $\frac{O}{H}$ 时，将得到 6÷12=0.5。然后，你可以换算这个分数，得出你的角的度数是 30°。（你将在下一个章节中看到怎么做这些换算。）这个结果记为：sin30° =0.5。

你的三角形有多大或多小并没有关系。唯一影响角的大小的是两条边的比值。看看这些相似的三角形：

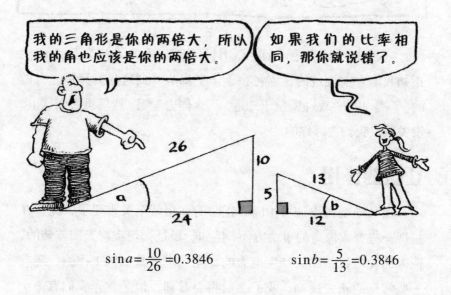

$$\sin a=\frac{10}{26}=0.3846 \qquad\qquad \sin b=\frac{5}{13}=0.3846$$

上面那两个直角三角形的边长之比都是 5：12：13，只是其中

一个是另一个的两倍大。在较大的三角形里，如果我们想计算角 a 的正弦值，我们要用对边的长度（即10）除以斜边的长度（即26），得到 $\sin a=\dfrac{10}{26}=0.3846$。

如果我们要在较小的三角形上进行类似的计算，我们就会得到 $\sin b=\dfrac{5}{13}=0.3846$。尽管这两个三角形的大小不同，但是 $\sin a$ 和 $\sin b$ 都等于 0.3846，这就意味着角 a 和角 b 的大小是一样的。

（仅仅因为感兴趣，所以我们计算出角 a 和角 b 都等于 22.62°。正如我们之前说过的，你将在下一个章节看到这些换算是怎么做的，但是如果你现在就急于知道，那么你去看吧，然后再回到这里。没关系，我们会等你的。）

正弦的作用

当数学变得更加可怕时，正弦的作用就至关重要了，尤其在呈现一些令人惊奇的事情方面，例如行星是如何绕着太阳旋转的，巨大的发电机是如何产生电力的，无线电波是如何工作的。还有一些常见的正弦规则，我们之后将会看到，但是首先我们有一个迫在眉睫的工作要做……

亲爱的"经典数学":

我们的房子需要一个滑坡，从卧室窗口一直到花园。你可以告诉我们墙应该多高吗？

不管是谁写了这个，他一定有点儿疯狂，因为尽管答案会涉及正弦，他们却忘了"标记"它。不管怎样，他们确实做了一个粗略的计划：

鸭子的池塘

7米

40°

一个看上去很奇怪的地方，但是只要墙和地面之间是一个直角，计算滑坡的高度应该是很容易的。滑坡的长度是 7 米，滑坡的角度是 40°，对于一段漂亮的快速滑行（当然，屁股到达地面时不

能撞得太厉害），这个角度算是比较完美的了。

让我们先画一个这样的三角形：

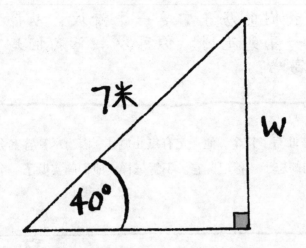

我们的三角形有一个长为 7 米的斜边，并且如果我们将墙的高度称为 w，那么它对着的角就是 40°。

使用正弦公式，$S = \dfrac{O}{H}$，我们得到：$\sin 40° = \dfrac{w}{7}$。

到目前为止还不错，但是你怎么找出 w 是多少呢？如果你读过《代数任我行》，那么你一定已经知道了足够的代数知识去计算出 w 的值。如果你还没有读过这本书，也不要担心。我们所需要做的就是将方程变形，使得 w 在等号的一边而数字在等号的另一边。结果会相当简洁，所以重新站好，集中注意力……

现在，如果我们在方程的两边都乘 7，就会得到：$7 \times \sin 40° = 7 \times \dfrac{w}{7}$。

在等号的右边，w 乘 7 又除以 7，所以它们抵消了，你得到的只有 w。

因此，我们得到：$7 \times \sin 40° = w$。

为了使它更简洁，你可以交换方程的两边，得到：$w = 7 \times \sin 40°$。

现在，你有点儿被卡住了，因为你需要知道 $\sin 40°$ 等于多少，除非你已经读过下一章节了，否则你算不出来。不管怎样，因为我们爱你（并且我们已经读过下一章节了），我们可以告诉你 sin40°=0.643。事实上，它更接近 0.64278761，但是 3 位小数在这里已经足够了。哎呀，我们只是在修一个滑坡，又不是在设计一个宇宙空间站。

所以，现在我们有：$w=7 \times 0.643$

经过计算，你会得到：$w=4.501$ 米。

这大概是你在三角学中唯一需要用到的一点儿代数知识，但是我们将会多次使用到它。你可能想把这页的角折起来，以便晚些时候，当你想知道它是怎样运算的，可以快速地找回来。在此期间，我们可以敲一下门，告诉里面的人：滑坡与墙相交在 4.501 米的高处。

哈，我们可能已经知道了。这是非常古怪的纯理论数学家们住的房子。除了他们，还有谁会想要一个从卧室窗户下来的滑坡呢？不管怎样，接下来的事情是看看从房子到滑坡接触地面的点有多远。我们最好确认一下，滑坡是否会伸进鸭子的池塘里去。

这个三角形是这样的：

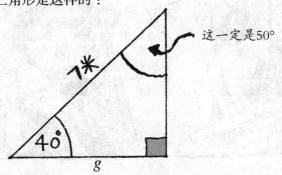

我们可以做的就是计算出这个三角形的顶角。由于三角形的所有的角加起来等于180°，所以顶角一定是 180° −90° −40° =50°。50°角的对边是 g，斜边仍然是 7，因此我们将会得到 $\sin 50° = \dfrac{g}{7}$，然后计算出 g 的值……但是，我们已经做过正弦了，所以让我们来一个令人耳目一新的改变吧。

余弦的试验时间

余弦做的事情与正弦非常相似，但是 cos= $\dfrac{\text{邻边}}{\text{斜边}}$ 或者写成 C= $\dfrac{A}{H}$，而不是使用对边和斜边组成的分式。现在，一切都变得简单了，因为如果你看看我们的小三角形，就会发现我们知道的角是 40°，斜边仍然是 7 米，沿着地面的距离 g 是邻边。我们将它写成 $\cos 40° = \dfrac{g}{7}$，使用前面用过的一些代数知识，我们可以把它变成 $g=7 \times \cos 40°$。

余弦值和正弦值是不同的，所以我们再一次让你偷偷看一眼下一章，你将得知 $\cos 40° = 0.766$。如果把它代入公式，我们会得到 $g=7 \times 0.766=5.362$。因此，滑坡的底部将会在距离房子 5.362 米处到达地面。

毕达哥拉斯测试

如果你不是很相信三角学的魔力，那么我们就请出古希腊数学家毕达哥拉斯用他的著名定理来检查一下刚才的答案。

毕达哥拉斯定理说，如果你将直角三角形的两条短边的平方加起来，它一定等于斜边的平方。

下面是我们计算滑坡的结果：

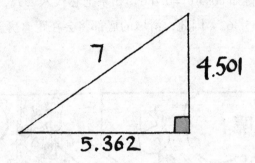

所以，我们需要检验（5.362）^{2}+（4.501）^{2}=7^2。

计算等式的左边，我们得到：28.751+20.259=49.01。等式右边，我们通过计算，得到：7^2=49，所以你可以看到答案是非常接近的。如果我们使用 sin40° 和 cos40° 的精确值而不是它们保留 3 位小数的近似值来计算，答案将会完全一样。换句话说……我们使用的方法是成立的！

直角三角形值得这样小题大做吗

事实上，它们值得！其中一个原因就是，如果你用面包片做三明治，在对角线上将它切开，你会得到两个一样的直角三角形，这样形状的面包三明治味道总是会更好。另一个原因是，几乎所有涉及距离或方向的计算最终都会以直角三角形结束。其中最常见的例

子就是，如果你需要测量一个大物体的高度，通常最好的方法是使用正切。

使用正切测量巨人劫匪的高度

如果你看到一个巨人在村庄周围抢劫，压毁树木、吃奶牛，这个时候，看看他是否违反了什么与高度相关的地方法律就显得相当有意义了。让他找个平坦的地方站直——你说这话时可能需要严肃些，因为当巨人的掠夺被打断时，他一定会发怒的。等他找到合适的位置并站好后，你站到离他有些距离的地方。假设你离他 15 米远，接下来你需要测量出到达他头顶的"仰角"的角度。

下面这幅图显示了我们的意图：

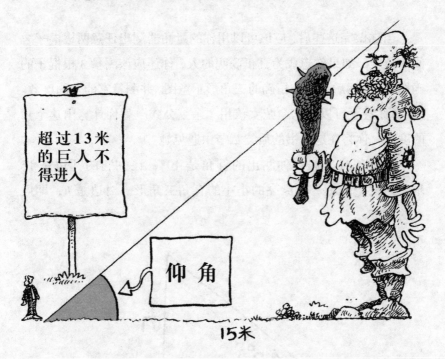

这个角牵扯了一个大家伙，要测量它的大小我们也有办法。找3 根又细又长的棍子，用它们围成一个三角形，并用松紧带固定。

把其中一根棍子贴着地面放着，指向巨人的脚，然后调整三角形，使得另一根棍子正对着他的头顶。

测量巨人的角度

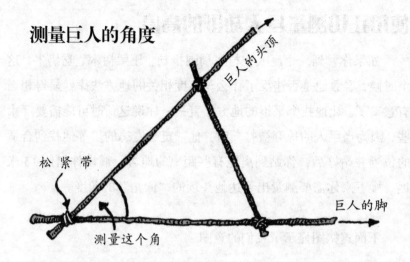

巨人的头顶

松紧带

测量这个角

巨人的脚

当你做完这些后，应该可以用你的量角器测出任意两根棍子之间的角度。如果你想成为真正聪明的人，你还应该测量3根棍子的确切长度，然后画一个精确的三角形示意图，并测量它的角的度数。（或者你甚至可以请求余弦女孩用"余弦公式"替你计算出这个角的度数。你将在这本书的后续章节中遇见她。）

不管怎样，假设你测出的仰角是40°，已知它的邻边是15米，这就产生了一个漂亮的小小的直角三角形。对边是 h，即巨人的高度。

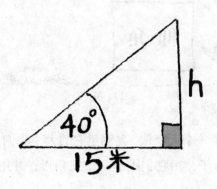

h

40°

15米

你会发现我们正在处理邻边和对边的问题，这时候就该使用正切了。正切的工作方式与正弦和余弦相同，并且如果你核对一下公式，你会发现 $\tan = \dfrac{对边}{邻边}$ 或者 $T = \dfrac{O}{A}$。这里，对边是 h（巨人的高度），邻边是 15，角为 40°，因此我们可以代入得到 $\tan 40° = \dfrac{h}{15}$。

这可以调整为：

$h = 15 \times \tan 40°$

我们现在需要知道的是 $\tan 40°$ 的值，应该是 0.839。猜猜我们是怎么知道的？因为我们已经读过下一章啦。

因此，$h = 15 \times 0.839 = 12.585$。

由于巨人的身高为 12.585 米，所以你可以告诉他一个好消息——他没有超过 13 米的限制，这意味着你并不打算兴高采烈地强行送他去最近的警察局。不过，你可以让他的践踏停下来，结束他的掠夺。

（顺便说一句，这种计算高度的方法也适用于高大的建筑。你需要做的就是找到一座在村庄附近做坏事的公寓大楼，它正在压毁树木、吃奶牛，然后告诉它在平坦的地方站直了……）

SOHCAHTOA

一旦你学会了正弦、余弦和正切，剩下的问题就是记住哪些边可以算出你的分数。这就是 SOHCAHTOA 的由来。

英文 SOHCAHTOA 是 $S = \dfrac{O}{H}$、$C = \dfrac{A}{H}$ 和 $T = \dfrac{O}{A}$ 的简写版。有很多种方式可以帮助你记住它。你能想出多少种呢？下面的这种还不是最简单的。你以 SOHCAHTOA 的字母作为每个单词的开头组成一句话，比如：

Summer On Holiday, Christmas At Home, Teacher's Off Anyway.

（夏季度假，圣诞节在家，不管怎样老师都走了。）

正弦、余弦和正切的名字由来

在这里，我们要澄清一些事情，正弦、余弦和正切其实都是昵称，它们的真实名字是 sine、cosine 和 tangent。尽管人们仍然在说"sine"，但他们通常将其写成 sin。你可能想知道，为什么所有的人都会认为省略掉一个"e"是值得的呢？这里就有一个很好的理由。如果我们将这本书里的每个"sin"都替换为"sine"，我们将需要额外的好多好多个 e。那么多 e 除了无聊还有什么呢？

如果你认为省略掉 sine 中的 e 是多此一举，等等，等你听完了"正弦"名字的由来后，就不会这么认为了。它来自拉丁文"sinus"，是海湾的意思。这是真的，不骗你。在海边，海湾作为海岸线上的一个大港湾，那些小船正是通过它去航行的，船上满载着吃冰淇淋的乘客们。然后继续，看看你能否弄懂这两者之间的联系：

$$正弦 = \frac{对边}{斜边}$$

认输了？

正弦的整体思路起源于古印度。大约 1200 年前，它被一个生活在巴格达的杰出的阿拉伯数学家发展而来。

他叫花拉子米，是第一个制定出精确的正弦值表的人。他使用印度的名字给正弦命名，但是当他将其从印度语翻译为阿拉伯语时，结果却以类似"jb"的形式出现了。

200 年后，西班牙国王在阿拉伯图书馆找到了花拉子米的著作，命人将其翻译为拉丁文。其中一位译者发现了"jb"这个单词，但没有意识到它应该是印度文。相反，他以为这是一个阿拉伯单词。在阿拉伯语中，他发现与"jb"最接近的一个单词的意思是"海湾"，所以他将其翻译成拉丁文海湾的意思——sinus。

就是这样了。显然，你还在思考这件事，不是吗？

那么现在，真正特别的东西要出现了。关于它，我们告诉过你，也说过它一定会出现，你已经耐心地等待了这么久，你是如此愉快地期待着拥有它，所以当我们自豪地向你介绍时，请深呼吸……

呃，不。这是下一章节的内容……

被禁止的按钮

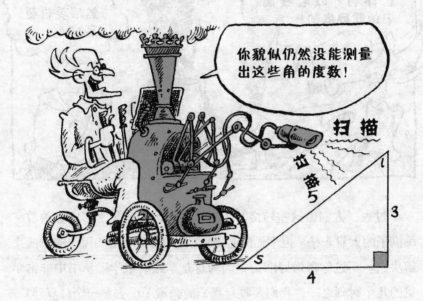

要是我们能计算出这些角的度数，谁还需要去测量它们呢？注意上面那个三角形，s 和 l 标记了两个未知的角（s 代表了较小的角，l 代表了较大的角）。我们可以利用正弦公式，计算出它们的大小。首先，可以快速得出 $\sin s = \dfrac{3}{5} = 0.6$，而 $\sin l = \dfrac{4}{5} = 0.8$。现在，需要我们做的只是将分数转换为角度。

非常抱歉，教授，但是如果你的测量只能精确到 0.1°，这对"经典数学"忠诚的粉丝来说没什么意义。

过去，人们做这些转换时，必须去学习那些被密密麻麻的数字填满了的大量表格。但幸运的是，现在我们有一个更加简单的方法来解决它。不过你得做好准备，因为这是"经典数学"丛书中非常罕见的几个时刻之一，我们要收起我们的骄傲……去拿一个计算器！

在计算器上测试那些被禁止的按钮

你有那种上面有许多神秘的、额外按钮的计算器吗？那些按钮你从来都不敢去碰。

我们将要用到的按钮是 SIN，COS，TAN 和 SHIFT。

一些计算器上面会有 INV，甚或是"2NF"，而不是 SHIFT 这个按钮，但是别担心，因为它们做的都是非常相似的事情。不管你的按钮叫什么，从现在开始，在这本书中我们只叫它 SHIFT。

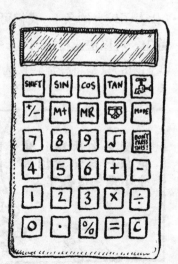

如果你没有一个带有这些按钮的计算器，那你可以使用计算机，找到计算机里的计算器（到程序/附件里面找）。一旦你找到它，在"查看"菜单下选择"科学型"。

如果你没有这样一个奇特的计算器，不要担心。不管怎样，我们将会告诉你所有的结果，所以你依然能看到最终的结果。

现在，你需要看看你的计算器是哪一类的，因为在做 sin、cos、tan 运算时，有 3 种不同的类型。

你的计算器属于哪一类

老式的：这类计算器的显示屏上通常只有一行很大的数字。

现代的或"双屏的"：这类计算器有一行很大的数字用于显示结果，在那之上还有另一行小一些的数字显示你刚刚按过的按钮。

答案超出了你那小脑袋的理解范围。

超级计算器：没有显示屏也没有按钮。你只要将这种计算器指向你想做的运算，它就会利用电动光子驱动器使最近的铅笔飘浮起来，在纸上为你整洁地写下结果。一切都非常智能，但是这还有什么乐趣可言呢？这有点儿像看着别人在玩电子游戏，却不让你去试一下。难怪这种计算器还没有流行起来，你不会在商店里看到它们的。

如今，大部分人使用的都是现代型的计算器，所以接下来所有的说明都只针对这种计算器。然而如果你的计算器是老式的话（这里包含了大部分计算机上的计算器），你在按按钮的时候，顺序要稍微不同。通读下面这段文字，然后看看方框里的特别信息。

将角度转换为分数

首先，我们将测试一下 sin 按钮，以确保它还没有发霉。擦掉所有的蛛网灰尘，然后按一下 cancel 或 AC 按钮，清除所有没用的数字。准备好了吗？我们将开始检查你算出的 sin30° 的值是否是正确的。

▶ 按下 sin、30、=。（你肯定不能输入那个表示度数的小标志"°"，但是别担心，计算器会猜到你的意思就是度数。嗯，它们真聪明！）

▶ 结果应该是 0.5。

老式计算器

为了计算出 sin30° 的值，先输入数字再输入 sin，并且不需要按 =。因此，你可以通过按下 30、sin 来测试你的 sin 按钮，但愿会得出结果 0.5。

不要落后了！亲自来体验芬迪施角度机吧！

经典数学系列
玩转几何

计算器故障

如果你算出来的是一个完全不同的结果，不要担心。你的计算器并没有烧坏，也不是没有电了，又或者有其他问题。原因通常是，一些邪恶的人按了 MODE 按钮，破坏了计算器。

如果你的答案是 −0.9880，那么你或许会注意到，在屏幕的某处有几个微小的字母"RAD"，又或者仅仅是字母"R"，这表明计算器正在"弧度"模式下工作。如果你的计算器显示的是 0.45399，表明它正在"梯度"模式下工作，这个模式就更没用了。如果你已经读过《测来测去——长度、面积和体积》，你就会明白弧度和梯度指的是什么，并且你也会知道我们不希望它们在我们附近的任何地方，所以你要将计算器设置在"度数"模式下。在现代型计算器中，你可以通过按几次标有"MODE"的按钮，直到"DEG"这个单词出现在屏幕上，然后按下数字 1。现在，试着按下 sin、30、=，

希望你能得出 0.5。如果不是，那么你就陷入大麻烦了，因为你不得不承认自己失败了，赶紧去找说明书吧，祝你好运。

一旦你得出的 sin30° 的结果是对的，试试 cos 和 tan 按钮：

这似乎是在"卡拉OK"模式下……

▶ 按下 cos、60、=，结果应该是 0.5。

▶ 按下 tan、45、=，结果应该是 1。

怎么样？如果这些计算都正确，你就可以随便计算任何角的 sin、cos 或者 tan 值了。但是要注意，大多数结果都会带着长长的小数填满整个屏幕。

乱按按钮会发生什么

如果你乱按 sin、cos 和 tan 按钮，就需要留意可能发生的各种有趣而奇怪的小事情。这里就有一些等着你去试验。（我们不会现在就费心去解释这些现象是怎样发生或者为什么发生的，因为稍后我们会处理这一切。现在只是娱乐时间，所以玩得开心哈！）

▶ 你会发现，用 sin 或者 cos 得出的结果不会大于 1，但是 tan 就可以。

▶ 如果你和 sin 按钮玩了一段时间，你会发现角度越接近 90°，结果就越接近 1。但是，如果你想更疯狂一些，你可以试着计算 sin91°，你会发现得出的结果和 sin89° 一样。如果你试试计算 sin92°，你得到的结果和 sin88° 一样。如果你试试计算 sin93°……好了，算出来了。如果你疯狂地想尝试计算出 sin179° 的结果，你得到的答案和 sin1°

一样。现在，如果你试试 sin181°，你又会得到类似于哪个角度的结果呢？只是有一点儿细微的差别，你能找到吗？

答案

对于任意180°～360°之间的角，负号会出现在它们的sin值前面。

（对于大于 90°的角，我们稍后将会利用一桶颜料和一辆拖拉机发现更多的真相。）

sin$x$=cos（90°－x）

这表示，如果你有两个角，它们加起来是 90°，那么一个角的 sin 值将等于另一个角的 cos 值。例如 sin25°=cos65°=0.422618261。

tan$x$=$\dfrac{\text{sin}x}{\text{cos}x}$

如果你知道一个角的 sin 值和 cos 值，那么你可以计算出它的 tan 值，因为 $\tan x=\dfrac{\sin x}{\cos x}$。想试试吗？随便选一个你喜欢的角，比如 38°。按下 sin、38、÷、cos、38、=，然后记下答案。现在清除屏幕，然后按下 tan、38、=。它们的结果相等吗？

咚嘀咚……需要一个角度机吗？

几分钟之后你会希望自己有一个的！

将分数转换为角度

到目前为止，我们已经知道怎样将角度转换成为分数。事实上，你也可以通过使用 sin（cos 或 tan）的逆运算，把分数转换成角度。做这件事，就要使用计算器上的 SHIFT 按钮（或 INV 按钮或 2NF 按钮，如果你的计算器上面是叫这个的话）。你在按下 sin、cos 或者 tan 按钮之前，必须先按下 SHIFT。让我们来测试一下。

▶ 按下 SHIFT、sin、0.5、=，答案应该是 30。

老式计算器：把数字放在第一位。因此，如果你按下0.5、SHIFT、sin（或者0.5、INV、sin），答案应该是30。

这被称作使用了 sin 的逆运算，可以记为 $\sin^{-1}$。如果你是我们"经典数学"最聪明的读者之一，现在你应该明白为什么 SHIFT 按钮在某些计算器上被标为 INV 了吧。顺便说一下，刚才的运算就是 $\sin^{-1}0.5=30°$。

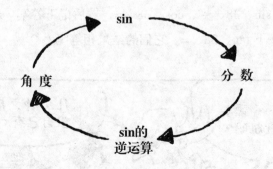

现在试试 $\cos^{-1}$ 和 $\tan^{-1}$ 吧。

▶ 按下 SHIFT、cos、0.5，答案应该是 60。

▶ 按下 SHIFT、tan、1，答案应该是 45。

如果做到了这一步，你已经做得很好了！

多么可悲的教授。他还是没能得到一个精确的结果，不是吗？难道他还没有意识到，将角度值精确到 $1°$ 的 $\frac{1}{1000}$，对"经典数学"忠实的粉丝来说还是远远不够的吗？下面，我们一直在等待的伟大时刻即将到来，让我们给他展示一下什么才是真正的精确度。

我们知道 $\sin s=0.6$，如果想要把 0.6 这个数值转换成角度，我们将会使用 $\sin^{-1}$。

▶ 按下 SHIFT、sin、0.6、=。

▶ 你得到的结果大概是：
36.869897645844021296855612559 0934°。

教授,在你那又糟又破的角度机上得不到这样精确的结果吧,嗯?

天哪，他被逼急了。请注意，他擦掉了三角形上的那个"5"，他以为这样我们就算不出角 l 的大小了！别担心，我们还可以使用 $\tan^{-1}$。记住 $T=\dfrac{O}{A}$，因此 $\tan l=\dfrac{4}{3}$。这表明，$l=\tan^{-1}\dfrac{4}{3}$。

按下 "cancel" 或者 "AC"，然后看看下面：

▶ 首先按下 4、÷、3、=。

（这里，我们只是用三角形中角 l 的对边除以邻边，然后将结果转换为度数。）

▶ 按下 SHIFT，然后按 tan、=。

▶ 你将得到答案：53.13010235415597870314438744409066°。

教授认为这个结果"不正确"。嗯！好吧，其实检验起来也相当简单。三角形的 3 个内角度数的和等于 180°，所以如果我们把两个结果和直角加起来，我们将得到：

```
  90
+53.13010235415597870314438744409066
+36.86989764584402129685561255590934
────────────────────────────────────
=180
```

好玩吗？

怎样使你的计算器爆掉

如果在本应该按下 SHIFT、sin 按钮的时候,却忘记按下 SHIFT 按钮,会发生什么事情呢?假如你真的迫切地想要知道答案,那么

你可以试一下,但是请先戴上非常厚的手套。向计算器中输入 sin、0.625,然后拿着计算器把它伸出一臂远的距离,快速按下 "="。当烟雾消散之后,看看显示屏上都有什么。你会发现,结果是一些没有用的数字,比如 0.010908091,而不是 38.68218745。

这是因为,当你按下 SHIFT 按钮时,其实是告诉计算器你即将输入一个想要转换成角度的数字。如果你没有按 SHIFT,计算器会认为你输入的是角度。所以当你连续输入 sin、0.625,接着按下 = 时,计算器会认为你是要把 0.625 这样微不足道的角度转换成分数。于是就得出了 $\sin 0.625° = 0.010908091$。这就难怪它会变热,并且开始有点儿不耐烦了。

如果你的胆子更大一些,你还可以看看,当你意外地输入了 SHIFT,计算器上会发生什么。这一次你需要穿上一整套盔甲,再在手边放一个灭火器。此外,还需要一根又细又长的棍子。首先,输入 SHIFT、sin,然后,输入一个角度的度数,例如 42°。现在,适当地往后站,用棍子按下 =,并快速冲到沙发后面。

如果你的计算器上安装了热离子安全阀,那就太幸运了,要是这样的话,最后只会在屏幕上显示一个 "E" 或者一条脾气暴躁的信息 "无效的输入操作"。这是因为当你按下 SHIFT 和 sin 按钮时,计算器所期望的是一个小于 1 的数,而不是一个极其巨大的数字 42,这就是它爆炸的原因。

$\sin^{-1}42=E$，而 "E" 意味着爆炸。

当然，如果你的计算器没有安装热离子安全阀……那么，你应该知道手边要有一个灭火器的原因了吧。

为了防止你在和正弦玩耍时发生危险的事，请尽量记住下面的规则：

只有在输入小于1的数时你才可以进行SHIFT操作。

换句话说，如果你想在计算器中输入一个小于 1 的数来得到角度，那么在按下 sin 之前按下 SHIFT。但是如果你输入的是角度，就不要按 SHIFT。

很简单，记住 sin= $\dfrac{对边}{斜边}$，斜边就是直角三角形最长的那条边。因为斜边总是比对边要长，所以那个分式的值总是小于 1 的。

三角形中几个著名的角

几乎所有的 sin、cos 和 tan 值都是又长又复杂的小数，但是其中也有一些比较特别。

sin30° 恰好等于0.5。

我们来看看，这是真的吗？

这里有一个等边三角形，这表明它有 3 个 60° 的角，并且所有的边都是等长的。为了让事情简单一些，我们假设每条边的长度都是 2 厘米。太神奇了，一条直线将它劈成了两个直角三角形。我们可以看到，顶部的那个 60° 角被分成了两个 30° 的角。同时，

我们还看到 30° 的角的对边是 1 厘米长，而斜边是 2 厘米长。由于 $\sin = \dfrac{对边}{斜边}$，如果我们把这幅图中的数值代入公式，就会得出 $\sin 30° = \dfrac{1 厘米}{2 厘米} = 0.5$。

算式 $\sin 30° = 0.5$ 总是成立的。不管你的直角三角形多大或多小，只要其中存在 30° 的角，你就应该知道这个角的对边长恰好等于斜边长的一半。如果你还记得前面章节谈到的与比例相关的内容，那么你也可以说成：对边和斜边的比例永远是 1：2。看下面这些三角形。

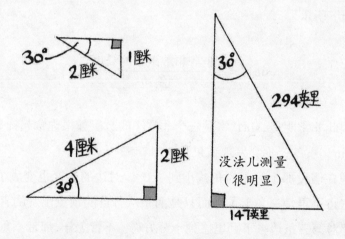

即使三角形的边长是用英里为单位进行测量的，你只要计算 147÷294，就会得到结果等于 0.5，因为那个角的度数是 30°。

如果你有一个 30° 的三角板（就是那个比较瘦的），那么拿起直尺量一量上面最短的边和斜边的长度。不管你的三角板是大是小，你都会得出相同的结论——斜边是短边的两倍长。如果不是，那你一定是拿错三角板了。

sin0°和sin90°

假设你有一个直角三角形，其中最小的角是 1°，那它一定是一个非常狭长的三角形，对边的长度几乎为 0。

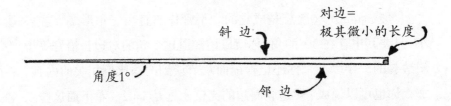

因为对边是如此之短，所以当你计算 sin1°的值时，你得到的算式如下所示：

$$sin1° = \frac{非常非常微小的长度}{斜边}$$

因此非常明显，sin1°将是一个非常小的数。如果你拿起计算器按下 sin、1、=，你会发现结果是 0.017452406。

现在假设那个最小的角减小到了 0°，对边的长度也变成了 0，那么它将不再是三角形了，而只是两条从各自的顶点出发的直线，它们都对第三条边去了哪里感到十分好奇。不管怎样，那都不重要，重要的是：

$$sin0° = \frac{0}{斜边} = 0$$

好，现在我们要将那个角张开到 89°。

这么一来，对边变得几乎和斜边一样长了，所以你的正弦值将会十分接近 1。如果你在计算器上按下 sin、89、=，会发现结果

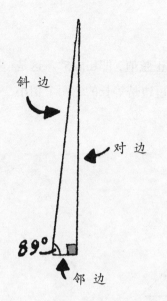

斜边

对边

89°

邻边

是 0.999847695。当你把那个角再多张开 1°，让它扩大到 90°，对边的长度将会等于斜边。那么，你能猜出 sin90° 等于多少吗？

$$\sin90° = \frac{\text{和斜边一样长度的对边}}{\text{斜边}} = 1$$

你不需要理解这些！

同样地，你可以按下 sin、90、= 来检查结果，但是要小心，如果你的计算器没有热离子安全阀，不要无意中按下 tan、90、=，否则……

芬迪施角度机

理想的
测量机器

sin45°

从下面这幅图中我们还可以得到一个正弦值，即 sin45°。这是一个等腰直角三角形，也就是说它的两条短边是等长的，两个稍小的角都是 45°。

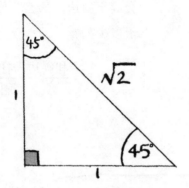

如果其中两条短边的长度都是 1 厘米，根据毕达哥拉斯定理，你就能计算出斜边的长度。如果我们称斜边为"h"，那么等式就是：$1^2+1^2=h^2$。

由于 $1^2=1$，这个等式就变成了 $1+1=h^2$，所以 $h^2=2$，因此 $h=\sqrt{2}$。（眼下，我们还不用理会 $\sqrt{2}$ 是多少。）

如果我们选择一个 45° 的角，可以看出 $\sin45° = \dfrac{对边}{斜边} = \dfrac{1}{\sqrt{2}}$。现在，你可以看看自己的计算器的运行是否正常，因为如果我们计算 $\dfrac{1}{\sqrt{2}}$，应该能得到和 sin45° 完全一样的结果。试试吧。

▶ 按下 sin、45、=，应该得出的是 0.707106781。

▶ 按下 1、÷、$\sqrt{2}$、=，你得出的是多少？

如果结果不一样，那么你的计算器可能开始叛变了，正如我们在前面警告过你的那样。现在，最好的办法就是，告诉它如果再不规矩点儿，就把它喂给吸尘器。哈！这一定能破坏它那越来越宏伟的企图。

特殊余弦值的角

cos60° =0.5

cos0° =1

cos90° =0

cos45° =sin45° =0.707106781

如果你真想知道这些结果是怎么来的，请记住，假设你有两个相加等于90°的角，那么它们中一个角的正弦值正好等于另一个角的余弦值。也就是说，你可以回看一下前面几页，去掉"sin"写上"cos"，去掉"对边"写上"邻边"，然后用90°减去原来那些角的度数。这样，你就可以得到所有完整的说明，并且还为我们节省了纸张。

特殊正切值的角

这其中，只有一个值是得说的，那就是 tan45° =1。如果直角三角形中有一个 45°的角，另一个角一定也是 45°，因为 45° +45° +90° =180°。因此，这个三角形是个等腰三角形，这意味着对边和邻边相等。所以当你计算 $T=\dfrac{O}{A}$ 时，你会得到 $\tan45° =\dfrac{等长的边}{等长的边}=1$。

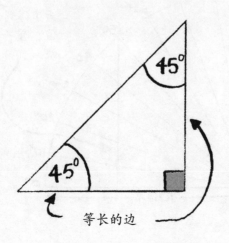

等长的边

不用计算器如何计算正弦值

如果你的计算器已经开始捣乱，那么你也可以不用它计算出正弦值。虽然你无法算出那么多位数的小数，但仍然可以通过画出完美的图形，来算出合理的结果。现在，你需要直尺、量角器，还有，为了使生活尽可能的轻松，你需要一些方格纸或图表纸。像这样作图：

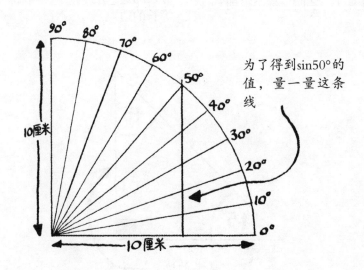

为了得到sin50°的值，量一量这条线

画一个半径为 10 厘米的 1/4 圆，用量角器量出你想要的任意角度。（为了适合这本书的大小，我们的图有点儿小。）

假设你想知道 sin50° 是多少，就可以从圆上 50° 的标记处向下画一条直线连接到底线，同时这条直线必须与底线形成一个直角，这就是使用方格纸会有帮助的原因。现在，准确地测量这条线的长度，它应该有 7.7 厘米。

如果你对此感兴趣，还可以画一个这样的直角三角形：

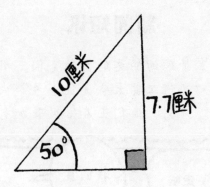

由于 $\sin = \dfrac{O}{H}$，我们可以得出 $\sin 50° = \dfrac{7.7}{10} = 0.77$。

如果你想用计算器检验一下，按下 sin、50、=，你将会得到 0.766，这和图表上给出的结果十分接近。

日常生活中的三角学

假设你面前有一个直角三角形，你知道除直角外另一个角的度数和一条边的长度，那么你想知道关于这个三角形的其他任何数据，都只需要经过一步计算就解决了。现在，你所要做的就是根据实际情况选择用 sin、cos 还是 tan。如果你能迅速做出决定，剩下的事情就都很简单了。

新闻短讯

来自萨克星球的邪恶的高拉克们，刚刚驾驶着他们自制的"几何工具太空复仇者号"火箭冲进了一个加气站。此刻，他们正在给火箭加气呢。

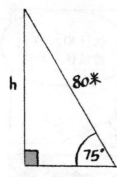

看看这个三角形示意图，已知斜边的长度以及它与地面夹角的度数。要计算的高度就是我们已知那个角的对边。所以，我们要利用斜边求对边，利用 sin 只需一步运算就可以了。

$$\sin 75° = \frac{h}{80}, \quad h = 80 \times \sin 75° = 77.27$$

因此，高拉克们距离地面 77.27 米。

快鹿公报

快鹿斜塔

让我们一起庆祝吧！市民们！斯卡姆产品有限公司的新工厂里，刚刚建成了一根高达40米的烟囱。我们尊敬的市长将本该"浪费"在烟囱地基建设上的钱，举办了一个香槟宴会以庆祝烟囱建成一事。宴会上，市长说："这烟囱看上去怎么是斜的？只有我一个人这么看吗？"

这一次，市长非常难得地说对了。烟囱的确是斜的，这并不奇怪！没有地基的烟囱，必然会发生这样危险的事情，并且它会越来越斜。令人难以置信的是，宴会上产生的垃圾，最终将工厂的污水管道堵死。也就是说，当大家都还在工厂外面庆祝时，整座建筑正渐渐被有毒的浮渣所填满。很快，这些浮渣就会从烟囱的顶上飘洒下来，但问题是，它们会落到地面上的什么位置？

迅速测量后得出，烟囱倾斜了62°，所以我们可以很快画出一幅简图……

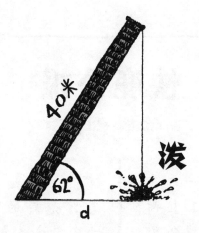

浮渣将会直接落在烟囱顶端下面的地面上,因此我们将从这里到烟囱底部的距离称为 d。我们能快速计算出这是多少米。烟囱长度是直角三角形的斜边,距离 d 是已知 62°角的邻边。这里涉及了邻边和斜边,我们将使用 cos,得出:

$$\cos 62° = \frac{d}{40},\text{ 所以 } d = 40 \times \cos 62° = 18.78 \text{ 米}$$

因此,浮渣将会落在距离烟囱底部 18.78 米远的地上。哦,看!市长正要发表另一个演讲,你觉得我们应该把他的讲台放在哪里呢?

治疗之石

太阳照在遗忘沙漠的沙砾上，一位孤独的骑手正朝着名为"高加斯刺道"的陡峭乱石堆快马加鞭。

"赛格，赛格！"她上气不接下气地喊，"快点儿出来，你这小不点儿，快！"

在乱石堆背阴面的高处有一个小小的洞穴，里面有位戴着宽大帽子、身形瘦小的男人。他就是名叫赛格的数学魔法师。他看了看下面这个身穿皮衣的女人，发现她已经从筋疲力尽的坐骑上跳了下来，正朝着他的方向，沿着那些参差不齐的台阶向上爬。

"可怕的格里赛尔达！"赛格说，"你想吃个蘑菇吗？它的味道非常棒。"

格里赛尔达登上了台阶的最高一阶，怒视着那个瘦小的男人。格里赛尔达的怒视在整个遗忘沙漠中都相当有名，那是如此凶狠的眼神，以至于会使野牛哭泣，令响尾蛇咬到自己的舌头，据说树木都会因此倒退一步。尽管赛格的头才将将和格里赛尔达的肩膀齐平，但他却根本不怕她。虽然他得到了一个有如雷霆般的怒视，可他只是简单地微笑着，拿出了一朵蘑菇。

"赛格，你要帮我，"格里赛尔达大声喊道，"否则的话……"她威胁着端起自己的双弦战斗弩。

"今天不行，"赛格说，"我正在做蘑菇酱，不过还是谢谢你的顺便来访。"

"你不想活了，想被喂秃鹰吗？"格里赛尔达咬牙切齿地说。

"对不起，"赛格说着转过身去，"我没时间应付你的小把戏。现在，还是像个小野蛮人一样快点儿回去吧。"

"可是，赛格，"格里赛尔达恳求道，"我们找到了治疗之石。"赛格转过身来。

"真的吗？"赛格问，"它们在哪儿？"

"在这儿。"格里赛尔达边说边塞给赛格一张肮脏的羊皮纸。

治疗之石

从高加斯刺道往东30英里，然后往北21英里。那块石头就在绿色的岩石上。

"这是向导图！"赛格说，"你从哪儿得到这个的？"

格里赛尔达立刻进行了一番解释。前一天，她的军队在吉比特树林和斧头帮的俄甘姆以及他的 17 个儿子打了一仗。后来，当一个年老的吉卜赛人靠近他们时，他们正围着火堆比较他们的新伤痕。"给我这个老太婆一点儿吃的吧。"吉卜赛老妇祈求着，听起来就像在开玩笑。事实上，当他们就要把她喂给俄甘姆的宠物熊时，她尖叫道："停下来！放我走，作为报答我会告诉你一些事儿的。"吉卜赛老妇拿出了两份一样的羊皮卷，俄甘姆拿走了一份，格里赛尔达拿走了另一份。"治疗之石！"俄甘姆说，"我们明天早上一起去找吧。"

"但是当我今天早上醒来的时候，俄甘姆已经出发了。"格里赛尔达大哭着说。

"那么他现在正在找了。"赛格说，"他在破晓之前刚好来到这儿，太阳一出现在东方的地平线上，他就朝着它出发了。"

格里赛尔达凝视着整个大沙漠，在远处发现了一个移动的黑点儿。"他在那里！"她咆哮着，"他正在往东骑，他一定就在 2 英里远的地方。他欺骗了我！"

"追上他！"赛格说，"你是沙漠中最快的骑士。"

"我当然是。"格里赛尔达说，"但是他已经领先几英里了，而且如果他看到我追上去，一定会在前面加速的。"

"但是，要是他没有看到你呢？"

"我知道了！"格里赛尔达说，"你一定能用你的魔法使我隐身。那么，继续说吧，否则请立刻从我眼前消失。"

"好的，好的，格里赛尔达。"赛格笑着说，他已经在沙地上描绘出了一幅示意图，"好好地请求我吧。"

"如果你能帮助我，那么在日落之前，你的脑袋就不会和我的矛有亲密接触。"格里赛尔达保证道。

"如果这是你能允诺的极限，那就只能如此了。"赛格说，"现在，请看看这个。"

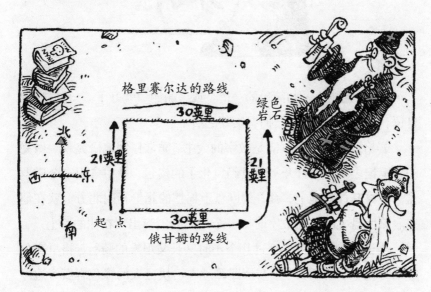

"俄甘姆会先向东走 30 英里,然后向北走 21 英里,"赛格解释道,"因此,他一共需要走 51 英里。"

"这将花费他一整天的时间。"格里赛尔达说,"那么,我怎么才能隐形呢?"

"你不需要隐形。"赛格说,"首先,你要向北骑 21 英里,然后向东骑 30 英里。它会从一条不同的路把你带到岩石那儿去。俄甘姆绝不会看到你。如果你走得快,你将在他之前赶到那里。"

"哈!"格里赛尔达说,"我一定会教训他的。"

格里赛尔达冲下台阶,跃上她的马,飞驰而去。

"要是她能说一句简单的'请'或'谢谢'就好了。"赛格喃喃自语,"并且我宁愿自己拥有治疗之石……"

赛格伸手拿了一本满是数字的大书,非常仔细地研究着。做完一些笔记之后,他打开一个已经风化了的皮包,从中拿出一个磁罗盘。他将其放在地上,看着刻度盘上摇摆的指针指向北方。就在他查看刻度盘上的其他数字时,一个大大的笑容出现在他的脸上。

当天的晚些时候,经过几个小时又长又艰难的骑行,格里赛尔达最终耗尽了马的力气,步履蹒跚地在一块巨大的绿色岩石旁边停了下来。过了一会儿,第二匹马从南面而来。

"格里赛尔达！"俄甘姆看到她时咒骂道，"你怎么会第一个到达这里？"

"这你别管！"格里赛尔达厉声说道，"治疗之石在哪里？"

他们徒劳地四处张望。

"我能找到的只有这个！"俄甘姆指着绿色岩石上的一个洞说，上面有一朵孤独的蘑菇。

"赛格！"格里赛尔达喘着气说，"可是我把他留在他的山洞了呀！"

当夜幕来临之时，赛格正将他的小马系在台阶下面的树上。这是一次漫长的骑行，却是一次非常有价值的骑行，尽管他为此颇为头疼。他爬上洞口，给自己倒了杯水，伸手拿到他的包，从里面拿出一块小小的、白色的治疗之石。就着一大口水，他将它吞下去了。几分钟后，他感觉好多了。

"幸亏有治疗之石，"他叹了口气，"或者说是阿司匹林，因为我喜欢这样叫它。"

那么，赛格是如何在俄甘姆和格里赛尔达没有看到他的前提下，拿走治疗之石的呢？

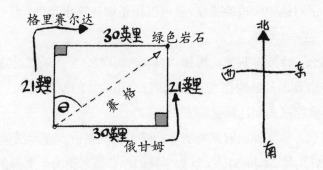

答案是，赛格是沿着一条直线到达绿色岩石的。这里，我们可以看到格里赛尔达和俄甘姆到达绿色岩石的路线，但是赛格意识到他可以走一条更短的直路。

赛格需要知道的只是他骑行的确切方向，这里标记为"θ"。（θ 是一个希腊字母，称为 theta，当人们不知道角度是多少的时候经常会用到它。）他的罗盘会告诉他哪里是北方，罗盘上标记了刻度，可以指示出他想要去的任意方向。如果你不知道罗盘，可以去第 174 页看看，那里对与它相似的指南针进行了充分的说明。

我们可以通过画一个这样的直角三角形，来表明赛格的路线：

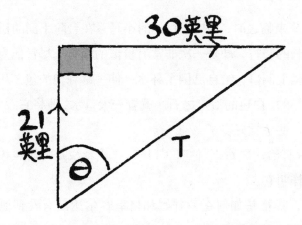

我们看到，角 θ 的对边是 30 英里，而邻边是 21 英里。现在，我们有了对边和邻边的长度，就可以用正切计算出角度。我们得到：$\tan \theta = \dfrac{30}{21} = 1.429$。

那么，计算一下 θ，得到：$\theta = \tan^{-1} 1.429 = 55°$（最接近的度数）。

赛格算出只要他在 55°角上骑行，正如他的罗盘刻度上所显示的，他就能最先到达绿色岩石。

那么，你能说出赛格要骑多远吗？我们知道，直角三角形的两条短边分别是 21 和 30，所以如果我们称赛格要骑的距离为 T，根据毕达哥拉斯定理，$T^2 = 30^2 + 21^2 = 900 + 441 = 1341$。所以赛格骑了 $\sqrt{1341}$，即 36.6 英里——比俄甘姆或格里赛尔达少了 14 英里多，这一切都要归功于三角学的魔力。

噢，啊哈……事实上他说的没错。你知道为什么赛格骑的不是36.6英里吗？要知道其中的原因，你无须使用毕达哥拉斯定理或计算器！

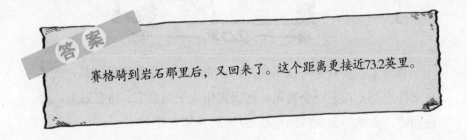

赛格骑到岩石那里后，又回来了。这个距离更接近73.2英里。

三角学奇怪的古老用语

如今，大家都已经习惯了用计算器进行计算，它的存在让我们认为做一些又长又棘手的运算是理所当然的。它还能非常容易地得出正弦、余弦和正切的值。只需要在上面按一些按钮，然后——丁！带有许多烦人的小数位的答案就出现在我们的眼前了。更重要的是，你根本不用真正去关心自己需要做多少步运算，因为一切都会在几秒钟之内就结束。

然而在古时候，所有的计算都得通过人们亲力亲为才能得出结果。有时候，如果不得不除以一个很长的小数，将花费几个小时的时间来计算它的结果。查找三角值，意味着你得盯着几页写满微小

数字的纸，从中找出你需要的东西。最后，你还有可能在错误的地方点上了小数点。

这么看来，人们拼命地减少自己不得不做的大量工作，没什么可大惊小怪的。看看下面这个经典的小问题……

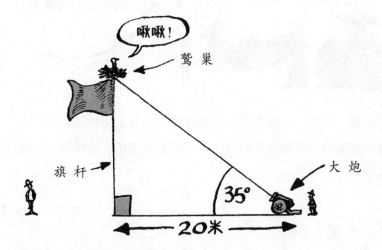

坎瑟上校正在为一次皇室的访问做准备，令他惊恐的是，竟然在旗杆顶部发现了一个鹫巢。他决定用大炮对准它，将它轰走。上校知道，大炮距离旗杆的根基20米远，仰角是35°。

接下来，他需要知道得在大炮里上多少火药，为此他必须精确地算出炮弹应当飞多远。

图1：火力不够

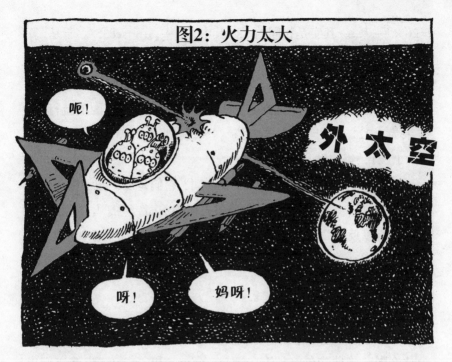

图2：火力太大

呃！

外太空

呀！   妈呀！

如果用 f 表示炮弹的射程，它就是这个直角三角形的斜边。我们知道 35° 角的邻边是 20 米，因此使用公式 $C=\dfrac{A}{H}$，将已知条件代入得到 $\cos 35°=\dfrac{20}{f}$。如果我们在两边同时乘 f，将得到 $f\times\cos 35°=20$。然后，我们在等号两边同时除以 $\cos 35°$，最终得到：

$$f=\frac{20}{\cos 35°}$$

借助一个现代计算器算一算，就非常简单了。你只要按下 20、÷、cos、35、=，答案就会直接跳出来。要是在古时候，你不得不去查找 $\cos 35°$ 的值，最后可能得到的最接近的答案将是 0.8192。接着，你还要计算 $20\div 0.8192$……呃！

经过一番精心的策划，人们发现了一种更简单的方法去做这样的计算。他们又额外做了几张表，上面标注了 $\dfrac{1}{\sin}$、$\dfrac{1}{\cos}$ 和 $\dfrac{1}{\tan}$ 的值，分别称作余割、正割和余切，或者简称为 csc、sec 和 cot。

前面，你在解决上校的问题时，必须从 $f=\dfrac{20}{\cos 35°}$ 开始，它和

$f=20 \times \dfrac{1}{\cos 35°}$ 其实是相同的。而其中，$\dfrac{1}{\cos 35°}$ $=\sec 35°$。于是，算式就变成了 $f=20 \times \sec 35°$。

你无须从之前那好几张大表中去查找 $\cos 35°$ 的值，只要从人们新制作的那张标注了正割值的表中，查找出 $\sec 35°$ 的值就行了，结果为 1.221。一旦得到这个值，接下来要做的就简单多了，即 20×1.221，得出结果为 24.42。

你会在这些新表里发现另外 3 个词，它们是反正弦、反余弦和反正切。"反"字放在正弦、余弦和正切的前面，意思与"相反的"相同，所以反正弦和 $\sin^{-1}$ 是一样的。换句话说，如果你知道：

$\sin 30° =0.5$

你可以把它反过来说：

$\arcsin 0.5=30°$

你也可以得到 $\arccos x=\cos^{-1}x$，甚至 $\arctan x=\tan^{-1}x$，猜猜这是为什么呢？除此之外，还有 arcsec、arccsc 和 arccot，当然它们也都各有一张独立的数值表。

如今，拥有计算器的我们实在是太幸运了，只是再也看不到那些伟大的诸如"反余弦"这样的古老用语，让人感觉有些难过。好几代数学精英们，花费了很长时间才制作出所有这些不同的表，并使用它们创造了人类最伟大的成就——包括将这些表商业化的计算器。你知道这有多不公平吗？

正弦超人与余弦女孩

嗒嗒嗒嗒……

此刻，你会发现我们已经完全占领了直角三角形。借助三角学的力量，我们可以随便选一个像这样的三角形，并且马上计算出神秘角 M 的值。我们知道角 M 对边的长度和直角三角形斜边的长度，所以我们可以使用 sin，得到：$\sin M = \frac{3}{6.5}$，然后要计算的是 $\sin^{-1}\frac{3}{6.5}$，在计算器上输入 3、÷、6.5、=、INV、sin、=，就可得出角 $M=27.49°$。

坚持到底——远处的那个人是谁？噢！芬迪施教授正紧紧跟随着我们。毫无疑问，他还在试图推销他那愚蠢的角度机。

我已经为它安装了一些额外的功能！

看看他有多绝望！如果我们已经懂得了一些三角学的知识并且有一个计算器，为什么还要去买他那台可笑的机器呢？

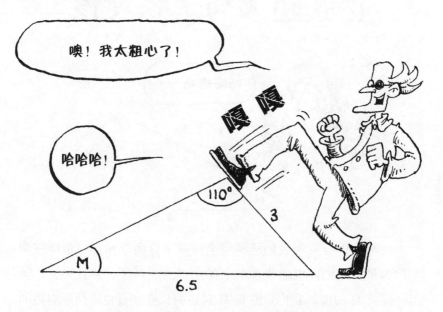

呀！他在做什么？他一只脚踩在长度为3的那条边上，把直角压成了110°。更糟糕的是，这个三角形里的其他角也都发生了变化！太恶毒了！

保持冷静。尽管我们失去了美好的直角三角形，可千万别单纯地认为准确求解三角形的唯一办法就是买他一台糊涂的机器。是的，他还没有打败我们，是召唤正弦超人神奇力量的时候了！

正弦公式

正弦超人带着他的神奇公式来解救我们了。幸亏有它，我们才能逃脱直角三角形的限制。正弦公式和你之前见过的任何公式都不一样。你将注意到，它是由两个等号连接起来的 3 个算式！它有两个版本：

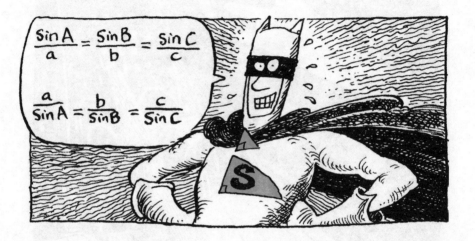

由于某种原因，正弦超人看上去湿淋淋的，请先忽略这一点，先去看看 a、b、c 是从哪儿来的。

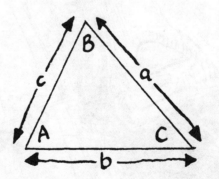

在这个三角形里，角分别用 *A*、*B*、*C* 来表示，边分别用 *a*、*b*、*c* 来表示。你会发现，边 *a* 和角 *A* 相对，边 *b* 和角 *B* 相对，边 *c* 和

角 C 相对。当我们把三角形的边和角代入公式中时，这样的表示就显得很方便。

上面的正弦公式说明，你可以选择任意形状的三角形，选择其中任意一个角，计算出这个角的正弦值并除以它对边的长度。当你用正弦值除以对边长度时，不论你选择 3 个角中的哪一个都可以，最后都将会得到一样的答案！

这意味着，即使教授把直角压扁变成了 110°，我们还是可以找出神秘角 M 的值。

有了正弦公式，我们不需要任何复杂的机器。下面，就让我们一起看看怎样求出它的度数吧。

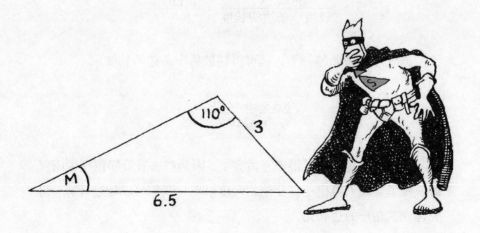

尽管我们不知道所有的角和边，但可以看到长度为 6.5 的边对着的角是 110°，而且长度为 3 的边对着的角正是我们要求的 M。我们可以用只有两位正弦的小版本公式：

$$\frac{\sin M}{3} = \frac{\sin 110°}{6.5}$$

在等号两边同时乘 3，得到：

$$\sin M = \frac{3 \times \sin 110°}{6.5}$$

让我们用计算器计算上面算式的结果，先计算式子的右边，输入 3、×、sin、110、÷、6.5、=，计算器就会告诉你 $\sin M = 0.433704286$。然后，你需要输入 SHIFT、sin、=，接着你将得到答案——角 $M = 25.703°$。

如果我们想更疯狂一些，还可以计算出另一个角的度数，因为 $180° - 110° - 25.703° = 44.297°$。如果确实需要，还可以计算出最后一条边的长度，因为：

$$\frac{\sin 44.297°}{最后一条边的长度} = \frac{\sin 110°}{6.5}$$

把式子稍微调整一下，就可得到最后一条边的长度：

$$\frac{6.5 \times \sin 44.297°}{\sin 110°}$$

但是，现在我们懒得把它做完了，因为得去看看那位正生闷气的教授了！我们再也不需要他的角度机啦！我们可以通过计算，得到任意三角形的边和角。

噢，不会吧！我们的超人英雄应该不会被打败吧？芬迪施教授弄出了一个只有一个已知角的三角形，而且我们还不知道它的对边的长度！如果我们把这些已知的元素放到正弦公式里，将得到：

$$\frac{\sin 54°}{a} = \frac{\sin B}{5} = \frac{\sin C}{4.5}$$

使用正弦公式解决问题时，我们必须知道其中一个分式的上下两部分的数字。如果我们能知道边 a 的长度该多好啊！这样的话，我们就能得出其他所有的值了，可是我们不知道。

余弦公式

$$a^2=b^2+c^2-2bc\cos A$$

这个公式可能看上去不是那么优美，但它正是我们现在需要的！如果你知道三角形的两条边和它们之间的夹角，用这个公式你就能得到第三条边的长度。我们知道角 A 的度数，也知道边 b 和边 c 的长度，现在需要求出边 a 的长度。

再核对一下教授给的最后一个三角形，已知的角为 54°，也就是我们公式里的角 A。还知道两条边长度分别是 5 和 4.5，所以我们把它们当成 b 和 c（哪个是 b 哪个是 c 没有关系）。我们把这些值代入公式里，就可得到 a 的值。

$$a^2=5^2+4.5^2-2\times 5\times 4.5\times \cos 54°$$

$a^2 = 25 + 20.25 - 45 \times 0.5878$

$a^2 = 45.25 - 26.451 = 18.799$

因此，$a = \sqrt{18.799} = 4.336$。

教授，现在我们来看看这个三角形吧！

如果我们想要求其他几个角的度数，再用一次正弦公式就行了：

$$\frac{\sin 54°}{4.336} = \frac{\sin B}{5} = \frac{\sin C}{4.5}$$

最后一步！我们只取前面一个等式：

$$\frac{\sin 54°}{4.336} = \frac{\sin B}{5}$$

快速转换一下，得到：

$$\sin B = \frac{5 \times \sin 54°}{4.336} = 0.932907$$

因此，角 $B=\sin^{-1}0.932907=68.89°$。

求角 C 就很简单了，因为我们都知道 $C=180°-A-B$，所以 $C=180°-54°-68.89°=57.11°$。

这是什么？在这个三角形里没有一个已知的角，我们只知道 3 条边的长度。只有当我们知道其中某个角的度数时，正弦公式才有用，那我们可以用余弦公式吗？

哇！她将余弦公式进行了一番调整，这下只要我们知道三角形的 3 条边，就能得到任何一个角的度数。如果我们想求角 A 的度数，我们可以把图表里的数字代入新的公式中。

$$\cos A = \frac{7^2 + 4^2 - 5^2}{2 \times 4 \times 7}$$

然后，通过计算最终得到 A=44.42°。

一旦我们求出了其中一个角的度数，就可以用正弦公式解出其他角的度数，或者也可以玩转一下新余弦公式里的字母，得到：

$$\cos B = \frac{a^2 + c^2 - b^2}{2ac} \quad 或$$

$$\cos C = \frac{a^2 + b^2 - c^2}{2ab}$$

哼！求角 *A* 很简单，但我打赌计算角 *B* 你肯定会错！

为什么角 B 会是个问题呢？让我们试着求一下，看看会发生什么。

$$\cos B = \frac{5^2 + 4^2 - 7^2}{2 \times 5 \times 4} = \frac{-8}{40} = -0.2$$

噢！看看——我们得到了一个负数！不要恐慌，这确实是余弦公式里实际存在的情况。负号的意思是告诉计算器，这个角是个钝角（大于 90°）。所以，当你计算出 B=cos⁻¹（−0.2）时，B=101.54° 才是正确答案。

正多边形公式

它和我们目前为止见过的所有公式都不太一样。下面，我们要快速地看一下正多边形，而不是三角形了。如果你已经读过《逃不出的怪圈——圆和其他图形》这本书，你就会知道正多边形里所有的边都一样长，所有的角都一样大。下面是一些正多边形的例子：

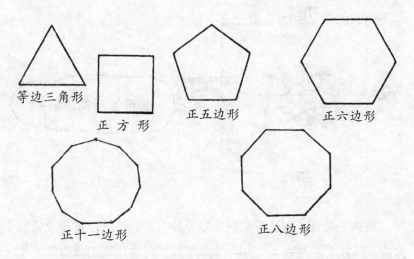

在《逃不出的怪圈——圆和其他图形》出版后，许多"经典数学"的读者向我们询问，英文"正十一边形"（undecagon）该怎么

拼写——现在你们知道了吧。同时，我
们还被问到是否存在一个公式可以求
得任何正多边形的面积。下面就是这
个公式，它甚至对正十一边形也适用
（为什么所有人都想知道正十一边形的
面积呢？这件事真的把我们彻底打垮
了），但是注意，它计算出的结果并不
那么精确。但既然是你自己要问的，只
有你自己来负责了……

$$正多边形面积 = \frac{ns^2}{4\tan\frac{180°}{n}}$$

n= 正多边形的边数

s= 每条边的长度

我们可以用一个很简单的多边形——正方形来检验一下。假定
每条边的长度为 7 厘米。

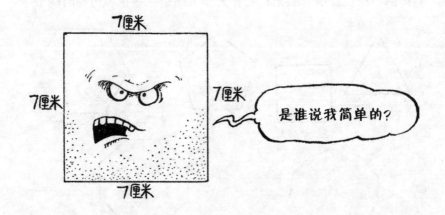

当然，求解正方形面积的最简单的方法，就是计算其边长的平
方值，所以它的面积是 7^2=49 平方厘米。现在让我们来看看，用上
面那个公式计算的结果是否一样。我们把 n 换作 4，s 换作 7，然后
得到：

$$正方形面积 = \frac{4 \times 7^2}{4\tan\frac{180°}{4}} = \frac{4 \times 49}{4\tan 45°}$$

现在，你可能还记得 $\tan 45° = 1$，所以上式就变为：正方形面积 $= \frac{4 \times 49}{4 \times 1} = 49$ 平方厘米。

看来，用这个公式计算出的答案和用简单公式求得的答案一致，所以它是对的！

正方形是很简单，但如果是一个有 7 条边的正七边形，每边长 3 厘米，那么它的面积是多少呢？首先，让我们来看看它是个什么样子：

噢，波斯基特，有什么办法可以快速画一个正七边形吗？

哈，你一定认为，我们的插画师瑞弗先生在这方面有很多诀窍，毕竟这套书的很多工作都是他完成的。你只需从口袋里摸出一枚 20 分的硬币，把它放在一张纸上，然后用一支很细的铅笔在每个拐角处画点。接着，把硬币移走，将那些点用直线连接起来。（不过，让人遗憾的是，那是外国的硬币。没办法，插画师是外国人。）

借我20分的硬币吧，我只有20英镑的钞票。

给你！

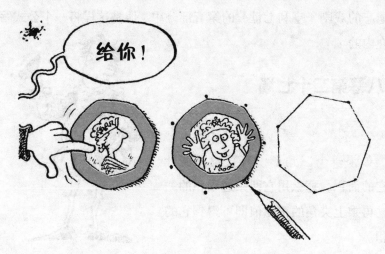

看，这就是正七边形的样子。假设它的每一条边长为 3 厘米，然后用公式计算它的面积，即 $n=7$，$s=3$。那么：

$$\text{正七边形面积} = \frac{7 \times 3^2}{4\tan\frac{180°}{7}} = \frac{7 \times 9}{4 \times 0.482}$$

$$= \frac{63}{1.926}$$

$$= 32.71 \text{ 平方厘米}$$

正弦三角形面积公式

莎士比亚在数学方面的超凡才能不太被人所知，在他那长期被人遗忘的戏剧《亨利七世》的第五部分中，他是这样将一个公式写入在内的：

第八幕第二十七场

特格朗姆（一个仆人）：

如果一个三角形没有直角又需计算它的面积，那么用它两条边乘积的一半，再乘上夹角的正弦值即可得到它的面积。

瑞迪安娜女士：

在我发怒前，快带着你那笨拙的押韵一起走开吧！

（退场）

这就是特格朗姆想表达的公式：

$$三角形面积=\frac{1}{2}bc\sin A$$

这个公式可能看上去比较难，实际使用时却很方便。通常，我们是这样计算三角形面积的：$\frac{1}{2}$ × 底 × 高。如果是直角三角形就很好，因为你可以挑选短的一条直角边作底，那另一条直角边就是它的高了。

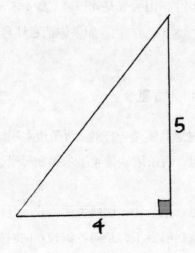

面积$=\frac{1}{2}$ × 4 × 5=10

直角三角形都是很容易的,但假设那个角不是90°而是70°呢?如果用常用的公式,你就需要知道垂直的高度,在下图中,我们将其标记为 h。

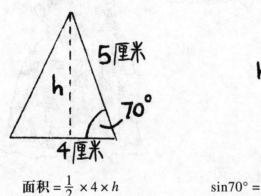

面积 $= \frac{1}{2} \times 4 \times h$ $\sin 70° = \frac{h}{5}$, $h = 5 \times \sin 70°$

$$因此,面积 = \frac{1}{2} \times 4 \times 5 \times \sin 70°$$

上面的图告诉你,这个正弦面积公式是怎么来的。你可以用正弦公式求出三角形的高 h,因为这儿有一个斜边为 5 厘米,对边为 h 的小直角三角形。所以 $\sin 70° = \frac{h}{5}$,转换一下,就变为 $h = 5 \times \sin 70°$。

现在,你知道怎么求三角形的高 h 了,接着,只需要把它代入公式(面积 $= \frac{1}{2} \times$ 底 $\times$ 高)就可以了。因为底是 4 厘米,高 $h = 5 \times \sin 70°$,这个三角形的面积就是 $\frac{1}{2} \times 4 \times 5 \times \sin 70°$。如果你把它计算出来,可以得到:

$\frac{1}{2} \times 4 \times 5 \times \sin 70° = 9.40$ 平方厘米

这和特格朗姆表达的意思其实是一样的:两条边乘积的一半再乘上夹角的正弦值。在这里,两条边就是 4 厘米和 5 厘米,两条边之间的夹角为 70°。

其实还有更多展现正弦、余弦和正切威力的公式,但我们已经向三角学的超人英雄们讨教得够多了,是向他们告别的时候了。

一点儿困扰

说实话，本书中的一些事情可能会困扰你一段时间，所以我们试着来把它们厘清一下。

▶ 借来的 20 分硬币。至今没有看到第二次。我们假定它已经从瑞弗先生钱包的最深处溜走，丢失在漫长潮湿的走廊里了。

▶ 第 37 页的三角形 CAT。说正经的——我们是如何准确地确定那些角的度数和边的长度的呢？实际上，并不真的是通过绘画和测量得出的。当我们把本书的内容放到一起看时，我们会发现当时实际用的是正弦和余弦公式！

▶ 最后，当我们向三角学超人英雄们告别时，还有一个问题。为什么他们来的时候都是湿淋淋的呢？其中会有他们秘密身份的一些线索吗？我们可能永远都不会知道。

第十三洞三角挑战赛

我们已经见过正弦公式了，现在可以来看看一个叫作三角测量的小窍门。三角测量是如此的灵巧和绝妙，以至于我们要专门为它设置一个章节。虽然这个听上去有点儿可怕，但实际上它是判断物体有多远的一个很简单的方法。只要你的脑袋上长了两只眼睛，在你的有生之年，你就可以做到这件事情！

把你的手指举到离你一臂远的距离并一直盯着它。现在，把你的手指朝眼睛的方向移动，你可以看到它越来越近，因为手指看上去越来越大，但更为重要的是，你必须转动眼球才能看到它。

如果你以两只眼睛和手指为顶点画一个三角形，你将发现，随着手指靠近眼睛，位于眼睛处的角度会越来越小。你的大脑会根据这些角度和两眼间的距离自动计算出一个三角形，而通过它就可以判断你的手指离你有多远。因此，三角测量最大的用处之一就是可以防止你自己的手指戳入眼睛，你应该对这一点表示感谢。

让我们用一个大得多的三角测量版本，来呈现一个看上去几乎不可能完成的任务。你可能需要穿上超人的行头，飞扑到一辆小推车上，还要阻止它开到危险的地方去，因为——响起了一片欢呼声——我们即将开始从"经典数学"到高尔夫课程的一次短途旅行。

这个难题是关于第十三个洞的，任何人只要精确地找出高尔夫球座到旗帜的距离，就会得到一个特别的奖赏。许许多多的人努力设法去测量它们之间的距离，却经历了一系列光荣又可怕的险情。下面就是原因：

下面是我们需要的装备：

▶ 一个用来测定距离的东西，我们有一条 40 米长的绳子。

▶ 一根又长又直的棍子。

▶ 一个量角器。

▶ 一个计算器。

我们所需要做的就是摆放一个巨大的三角形。开始的时候，我们把绳子的一头放到球座的位置处，然后把剩下的绳子沿着悬崖顶端摆放成一条直线。我们知道绳子有 40 米长，而这将作为我们三角形的底边长度。

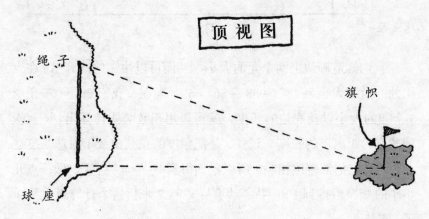

顶 视 图

绳子

旗帜

球座

接下来，我们再回头看看位于球座处的绳子节点，并测量一下绳子和旗帜间的夹角。我们把那根长的棍子放倒在地上，让它紧贴着绳子的末梢处，并使棍子正好指着旗帜的方向。

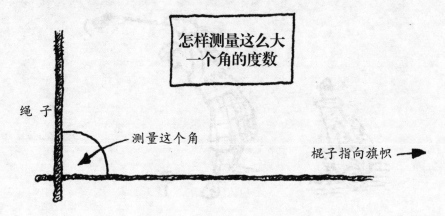

怎样测量这么大
一个角的度数

绳子

测量这个角

棍子指向旗帜 ➡

接下来，我们用量角器测量出棍子和绳子间的夹角为88°，然后用棍子以同样的方法测量绳子的另一端和旗帜间的夹角。我们得知这个夹角是86°，然后我们所需要做的就是画一下这个三角形的示意图。

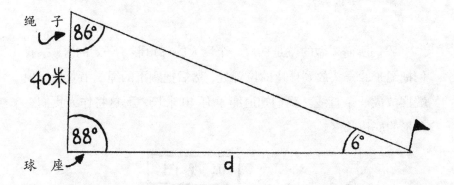

我们知道底边上两个角的大小，从而可以快速地计算出：在旗帜处的角的大小为180°−88°−86°=6°。现在，我们知道了三角形3个角的大小以及底边的长度，就可以用正弦公式计算出 d（旗帜到球座的距离）的长度。记住，是把角度的正弦值放于对边长度之上，而且它们都应该相等，所以我们得到 $\frac{\sin 6°}{40} = \frac{\sin 86°}{d}$。做一点儿小小的变换后得到：$d = \frac{40 \times \sin 86°}{\sin 6°} = 381.7$ 米！这个计算可太简单了，是吧？

现在，是骄傲地宣布第十三个洞难题的答案——381.7米的时候了，而且别忘了索要我们的特别奖赏。

祝贺你！你已经赢得了免费供应一生的高尔夫球——不过，你必须自己去收集它们。

敬上

MM高尔夫俱乐部协会

极微角度与超大三角形

你可能认为 1°角已经很小了，但实际上很多时候人们还需要用到比它小很多倍的角呢。当角度真正很微小的时候，很多事情也会变得相当奇怪，包括正弦和正切的值变得差不多一样这种奇怪的事实。更奇怪的是，我们马上就要开始用的……

分和秒

当人们向太空发送火箭的时候，他们就需要非常精确地测量角度，所以通常他们会把"度"分解为"分"和"秒"！1°里包含 60 个"分"，1 分里又有 60 个"秒"。为了避免你把它们和时钟上的分、秒混淆，我们又称它们为"弧分"和"弧秒"。你可以用一个像这样的小撇号"′"来表示弧分，用两个像这样的小撇号"″"来表示弧秒。这就是它们所有转换的过程：

$$1° =60′ =3600″$$

假设有一个 17.724°的角，你可以把 0.724°转换成弧分和弧秒。由于 1°里有 60′，所以 0.724°里弧分的数量就是 0.724 × 60=43.44′。然后，你还需要把 0.44′转换成弧秒。由于 1′里有 60″，0.44′里弧秒的数量就是 0.44 × 60=26.4″。因此，17.724°和 17°又 43′又 26.4″是一样的，我们也可以把它写成：17° 43′ 26.4″。

我们把像弧分和弧秒这样的表示，称为六十进制的系统。通常，当你要描述诸如空中行星的位置这种特别精确的表述时，才会用到它。

怎样画一个弧秒

如你所知，1°已经相当微小了，而1′是1°的$\frac{1}{60}$，它是那么的小，以至于显得有点儿可笑。而1″又是1′的$\frac{1}{60}$，那就更加荒谬了！如果你想画一个单一的弧秒，你可以画一个这样的三角形，它的两条边长都为1千米，底边长为4.848毫米。那么，这两条长边之间的夹角就为0° 0′ 1″。

画出0° 0′ 1″这么大的角度还有一个办法，就是利用太阳、一根棍子和一个秒表来画。把一根长长的细棍子插入一块平地里，随着太阳在天空中的移动，棍子的影子也会缓慢地移动。现在做好准备，因为你的动作必须要很快！

启动秒表，然后从棍子底端到影子的末尾处迅速地画一条线。

0.066667秒之后，再沿着影子画一条线（0.066667是一秒的$\frac{1}{15}$）。在这段时间里，影子将刚好移动0° 0′ 1″，因此这两条线间的夹角也就是0° 0′ 1″。

你想知道我们是怎么算出来的吗？我们可以回答你这个问题，但这没什么意义。实际上，你并不想知道，对吧？我们已经警告过你它真的很无趣，但如果你是一个大计算量的痴迷者，我们也不希望剥夺了你的权利……

地球每 24 小时会完整地旋转一圈，我们站在地球上看太阳，会觉得是太阳每 24 小时绕地球一周。如果你 6 月在北极或是 12 月在南极，太阳将永不下落，它只会在天空中以圆形轨迹运动。因此，太阳看上去在 24 小时里移动了一个整圆，也就是 360°。

下面就是这个运算题：

▶ 一个圆圈里有多少弧秒呢？

一个圆圈是 360°，1°有 60′，1′ 又有 60″。我们得到 360 × 60 × 60＝1296000″。

▶ 一天里有多少秒（时间）呢？

一天有 24 个小时，每个小时有 60 分钟，每一分钟有 60 秒，所以一天有 24 × 60 × 60＝86400″。

▶ 那么太阳移动 1″需要几秒时间呢？

▶ 它在 86400″里移动了 1296000″。因此移动 1″ 太阳需要 $\frac{86400}{1296000}$＝0.066667″或$\frac{1}{15}$″。

计算器上的°′″或dms按钮

乘或除以 60 和 3600，实际上是很沉闷乏味的，但如果你真的需要进行这样的计算，有一些计算器上会有"度—分—秒"的按钮，它可以帮你进行直接的转换。这个记号在计算器上的样子可能是：°′″，也可能是字母 dms。（如果你的计算器上没有这两个按钮中的任何一个，在这一节里，或许你可以从别人的计算器上借一个°′″按钮，并把它贴在你的计算器上。）

如果你想转换 31.2367°这个角，只需要把它们直接输入到计算器里，然后你还可能需要按一下"＝"按钮。现在，再按一下你的°′″按钮。哇噻！你将得到像这样的一个东西：31° 14′ 12.1″。

如果你想把像 49° 35′ 41″ 这样的数转换回十进位的表示法，你就需要把每一个数字输入计算器，并且每输入一个数字按一下 °′″ 按钮。当你第三次按下 °′″ 按钮时，记得再按一个 "=" 按钮告诉计算器你已经输入完了，否则它会着急的。然后，你需要再一次按下 °′″ 按钮，从而得到以度数表达的答案。49° 35′ 41″ 转换后的答案是 49.5947°。如果你在错误的时候按下了 °′″ 按钮，计算器就会突然发出一声巨响。（除非你的计算器上装有热离子安全阀，它会在这种情况下显示 "错误" 或其他的信息提醒你。）

顺便说一下，如果你在做一个与时间相关的运算题，想要得到一个如 12.4923 小时这样的答案，你也可以用同样的方法，通过 °′″ 按钮把它转换成时、分、秒。你只需要先输入 12.4923 这个数字，然后按下 = 和 °′″ 按钮，就能得到 12 时 29 分 32 秒这个答案。

我们的眼睛有多好

突然，我们来到了一片荒野上，并打算在这里进行一个夜间实验。你会发现，远方正有一辆汽车朝我们开来。它的两个车前灯都开着，但由于车离我们真的太远了，两束光融会在一起就像一个光点一样。显然，如果车子已经来到我们面前，谁都能很清楚地看出有两个车前灯。那么，当你刚刚能看出有两个车前灯的时候，车子离我们的距离有多远呢？如果你的视力水平达到了平均水平，答案应该约是 2.6 千米，那么，我们是怎么计算出来的呢？

原因在于人类的眼睛只能"解析"大约 2′ 左右的角度（视力特别好的人可以解析接近 1′ 的角度甚至更小）。这个听上去有点儿难懂，不过看了下面这张图你就明白了。

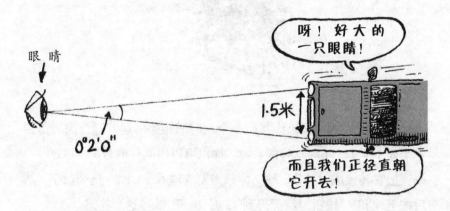

从图中，你会看到从眼睛的地方发出了两条线——它们之间的夹角是 2′。（很明显，我们在图中把这个角度放大了，否则它们看上去就会像紧紧挨在一起的一条线一样。）这两条线都正好延伸到了汽车的车前灯上，我们测量了一下两个车前灯间的距离，为 1.5 米。如果由两个车前灯和眼睛组成的夹角度数小于 2′，大部分的正常人都无法分辨出它们来自两个分开的光源。

现在，我们要做的就是计算出这个三角形的另两条边的长度是多少，开始的时候我们要用那么一点点"技巧"。如果你有这样一个三角形，它的一个角小于 0.5°，那么只要你愿意，你就可以把另外两个角中的任意一个当作直角。这几乎不会影响最终的答案，却会让计算简单很多！让我们快速地把这个三角形转变成一个直角三角形吧！

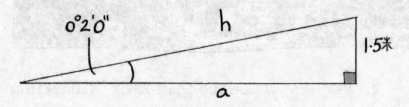

接下来，我们就可以计算出眼睛离车前灯的距离了。奇怪的事情是，你在这里使用 sin 或者 tan 都是可以的。这是因为对于确实很微小的角度（例如小于 0.5°）来说，用它俩计算出的结果几乎是一样的。请记住：$\sin=\dfrac{对边}{斜边}$，$\tan=\dfrac{对边}{邻边}$。这儿的斜边（记为 h）和邻边（记为 a）几乎是等长的，所以我们两个都来试一下。

▶ $\sin 2' = \dfrac{1.5}{h}$ 因此 $h = \dfrac{1.5}{\sin 2'} = 2578$ 米

▶ $\tan 2' = \dfrac{1.5}{a}$ 因此 $a = \dfrac{1.5}{\tan 2'} = 2578$ 米

（如果你的计算器上没有 °′″ 按钮，也可以用另一个方法。由于 $2' = \dfrac{1°}{30} = 0.03333°$，所以你可以用 sin0.03333 和 tan0.03333 来代替，结果是一样的。）

不论我们用 sin 公式还是 tan 公式，得到的答案都是大约 2600 米，也就是 2.6 千米。这就是我们刚刚能分辨出两个单独车前灯的时候，车子离我们的距离。但它现在已经离我们很近了……

噢！天哪！一个人到底可以邪恶到什么程度？假如我们真的需要一个非常非常精确的测量仪器，我们会直接告诉你的。现在就算你打算向我们解释些什么，我们也不得不走了，因为接下来我们还需要解决更多的问题。

大宇宙中的小角度

在地球上，一个 1°的角，通常看上去都可怜得不好意思去打扰别人，然而，如果你是在仰望夜晚的天空，1°的角就可能成为一件巨大、厚重且恐怖的事情了。在这种情况下，弧分和弧秒开始变得真正有用了。通过观察空中的满月，你将对宇宙中的角到底有多小有一个认识。

如果你只是看着月亮，是无法辨别月亮到底有多大或者它到底离我们有多远的。你能感觉到的只有视直径，即月亮在你"视角"中的大小。

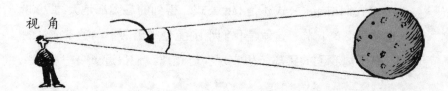

这张图就显示了我们正在讨论的那个角，那么你认为这个角有多大呢？好吧，来猜一猜……

▶ 30°

▶ 10°

▶ 3°

▶ 1°

▶ 0.5°（或者 0° 30′）

你可能会觉得这个难以置信，但是月亮确实只占据了 0.5°的视角！

那么，要多少个月亮才能围绕着地球连接成一个完整的手镯样子的圆圈呢？由于手镯围绕一圈是 360°，而每一个月亮只占据 0.5°，所以你需要 720 个月亮。

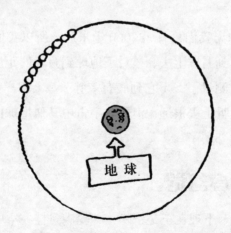

生活在地球上，你会感觉太阳和月亮看上去差不多大，是不是很奇怪呢？这是因为，尽管太阳的直径是月球的直径的近 400 倍，但同时太阳与地球的距离也正好是月球与地球距离的近 400 倍，当然这纯属偶然。你可以用两个相似的三角形来说明这其中的道理，其中一个三角形是另一个的 400 倍。

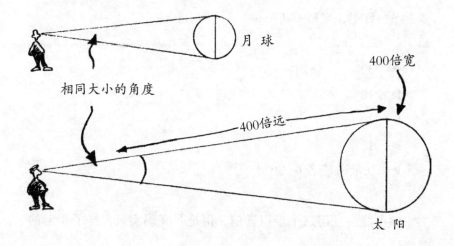

月 球

400倍宽

相同大小的角度

400倍远

太 阳

（我们在这里只能让太阳的三角形比月亮的三角形大 1 倍，否则这一页必须要有 18 米宽才行。）由于这两个三角形是相似的，因此视角是一样的，这就是太阳和月亮在空中看上去差不多大的原因。

由于月球离我们只有 380000 千米远，所以我们已经成功地发送了一些火箭到月球上去，核对了地球到月球的距离，还拿卷尺围绕月球一圈，测量了一下它到底有多胖……太阳离我们大约 1.5 亿千米远，虽然听上去很远，但要和宇宙中其他星球比起来，太阳真的算是我们的邻居了。

拇指和月亮幻觉

▶ 想象一下现在正是傍晚，一轮满月挂在空中。你笔直地朝前方举起手臂，并竖起你的大拇指。如果你只睁开一只眼睛看月亮，你会认为你的拇指指甲大到能完全覆盖住月亮的影像吗？好好思考一下，然后亲自试一试。问一下你的朋友们，听听他们是怎么说的就更好了！

答案

是的，你的大拇指指甲应该很容易就能挡住满月！除非你的拇指特别瘦小，否则的话，它应该会是月亮宽度的两倍。一个正常人在拇指距离身体一臂远的情况下，其视角大约为1°，而月亮的视角只有0.5°。顺便提一句，你是否注意到，当月亮贴近地平线时要比高高悬挂在天空中时看上去大很多呢？这就是另一个错觉！你可以对着拇指测量一下，其实月亮一直都是一样大的。

怎样获得一颗星星的距离

当天文学家们开始研究离我们数亿千米远的星体时，经常会遇到一些极其微小的角度和极其巧妙的数学问题。请注意，天文学家们用到的某些运算题和测量值，即使对于本书来说也是相当的可怕！所以在我们一头扎进去之前，先一起来做一个愉快的小实验吧。虽然这个实验看上去可能有点儿傻，但谁在乎呢？如果你正在公交车上或图书馆里读这本书，别当懦夫——按照下面的步骤做吧！更好的做法是，把这本书递给其他的人，然后让他们做这个实验。嘿嘿，我们自己玩自己的，是吧？来吧，我们开始……

▶ 把你一只脚上的鞋子和袜子都脱掉，尽可能地向前伸直你的腿，把大脚趾朝着对面的墙壁竖起来。

▶ 闭上你的左眼，然后伸出你的手臂，使拇指竖起来正好盖在脚指头的前面。注意你拇指和脚趾后面的墙面。保持你的腿和手臂笔直。

▶ 现在，再闭上你的右眼。感觉一下有多黑暗。

▶ 然后，睁开你的左眼，你会发现你的脚指头好像在墙面上移动了。而且，你的拇指也不再在脚指头的前面了，它甚至移动得更远！这是因为，你从两个稍微不同的位置观察了你的拇指和大脚趾，从而导致它们看上去相对背景移动了。由于你的拇指离你的眼睛更近一些，所以它看上去就要移动得多一点儿。

让我们来做一个类似的实验，这回要来一个规模稍微大点儿的。

首先，你必须铭记，在还没有电视的古代，人们经常会花很多时间来盯着夜晚的天空。（哦！不好意思，你现在可以把袜子和鞋子穿上了。）除了太阳和月亮以外，他们很快还发现了其他一些小而明亮的物体，它们似乎以相当可观的速度变换着自己的位置，因此在漫长的一年时间中，它们的位置会发生很大的改变。他们把这些物体称为"行星"（是"流浪者"的意思），而且你可能已经知道，太阳系中包括地球在内的所有行星都是"嗖嗖"地围绕着太阳旋转的，同时还得尽量努力不要互相碰撞。那么，除了行星之外的其他星体又如何呢？

后来，天文学家们绘制出了一份十分精确的示意图，用以展示这些星体的位置。他们发现，星体们的位置在一年中并非一动不动。不过需要提醒你的是，它们移动的距离真的很小很小，以至于在电视机被发明之前，仰望天空真的真的是一件很无聊的事情。当然，今天的我们是幸运的，因为我们已经有了电视，可以尽情地享受反复重播的喜剧节目、悲惨的肥皂剧、现实的娱乐节目、沉闷的新闻、危险的才艺比赛、名人猜谜节目以及学习园艺、烹饪和家居

装饰的所有技术……啊！让我们把电视扔到一边，还是花一年的时间来仰望天空吧！

　　"经典数学"的工作人员占据了"经典数学"指挥总部的屋顶，花了整整一年的时间来研究宙斯星，他们发现了一些情况。

　　他们给同一片天空照了两张照片，一张在3月，另一张在9月。你会看到，扎格星、斯蒂格星和尼普星这3颗星的位置一直没有改

变。然而，在3—9月这段时间里，宙斯星看起来却移动了位置，而且到明年的3月它又会再次移动回来。宙斯星看上去在移动的原因是，在这6个月的时间里，地球已经环绕太阳旋转了半圈，所以我们其实是从不同的位置观看天空的。还记得那个"脚趾/拇指"实验吗？宙斯星看上去在天际移动，其实和你的脚趾看上去在墙壁上移动完全是一个道理。我们也因此得知，宙斯星离我们的距离比其他3颗星要近得多。

星星看上去像是在天空中移动，我们把这称为视差。而且星星移动的距离越大，离我们就越近。聪明的想法是，如果我们测量出宙斯星移动的距离，就可以通过三角学算出宙斯星离我们有多远。当我们第一次在高尔夫球课程上使用三角学时，知道的是底边的长度，以及底边和旗帜间的两个角度。对于行星来说，所用的是几乎同样的方法。底边长度就是地球绕太阳旋转轨道的直径，而且我们需要测量一下宙斯星移动的角度（从地球上看）。

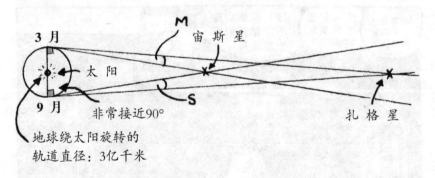

下面是对上图的解释：

▶ 底边长为3亿千米。（由于太阳离地球大约1.5亿千米远，所以从地球3月所处的位置到9月所处的位置，其距离总长应为2×1.5=3亿千米。）

▶ 因为扎格星、斯蒂格星和尼普星这3颗星看上去都没动，所以我们假定它们距离非常遥远，以至于可以认为它们的距离为无穷远。由于扎格星看起来是离宙斯星最近的星，我们可以利用扎格星来测量宙斯星的位置。你会发现，我们已经把 3 月和 9 月的地球位置以及扎格星的位置连接了起来，组成了一个三角形。在这个三角形的底边，我们标记了两个直角——当然它们并不可能都是真正的 90°，但由于扎格星是那么遥远，所以这两个角会非常地接近 90°，你大可不必为此担心。不论怎样，它们是由我们来定的。

▶ 这是 3 月里一个晴朗美好的夜晚，我们想测量扎格星和宙斯星之间的视角，所以我们需要一个无比精确的测量仪器……

教授离开之后，我们用一架经过精确校准的望远镜，为星星们拍摄了照片，得到角 M=0° 0′ 0.29″。

▶ 然后在接下来的 6 个月时间里，我们一直热切期待着下一次的测量。

▶ 在 9 月的一个晴朗美好的夜晚，我们测得扎格星和宙斯星之间的视角 $S=0° 0' 0.33''$。

现在我们已经得到需要的测量值了，可以从之前的示意图中抽出一个三角形。

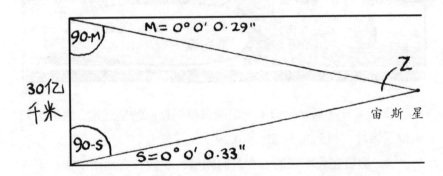

整个工作中最重要的部分是：找出宙斯星所在角 Z 的大小。在这里，我们不会使用刚才得到的那些测量值，因为如果我们只用字母 M 和 S 来表示，就能为我们省去大量令人厌恶的计算。请注意看！

首先，我们用 90° 减去我们测量出的角度，就可以得到三角形内部底边上的两个角了。这两个角的大小分别为 $90° - M$ 和

$90° - S$。由于三角形的 3 个角之和为 $180°$，因此我们得到：

$Z + 90° - M + 90° - S = 180°$

所以 $Z - M - S + 180° = 180°$

等号两边同时减去 180，得到 $Z - M - S = 0$。

接着，我们在等号两边同时加上 M 和 S，就得到 $Z = M + S$。

因为我们已经知道 $M = 0° \ 0' \ 0.29''$，$S = 0° \ 0' \ 0.33''$，就可以计算出 $Z = 0° \ 0' \ 0.62''$。

　　每当此时，天文学家们常常会把三角形切割成两个完全相同的直角三角形。他们这么做虽然有一点儿"欺骗"的意味，但却能让事情变得简单很多，而且得出的结果也非常的接近，所以没什么人会介意的。他们所做的，就是把宙斯星所在的角平分成两半，这样也把长为 3 亿千米的底边分成了两半。$0° \ 0' \ 0.62''$ 分割成两半之后，就变成了 $0° \ 0' \ 0.31''$，这就是所谓的视差角。

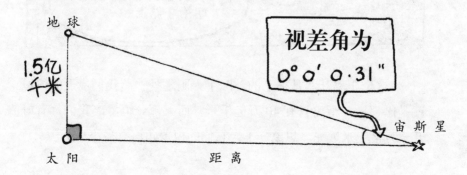

我们已经有了一个直角三角形，并且知道了它的一个角以及这个角对边的长度，那么，从太阳到宙斯星的距离就是邻边的长度！让我们召唤 tan 强大的力量吧！

$$\tan = \frac{对边}{邻边}，所以，邻边 = \frac{对边}{\tan}$$

因此，太阳到宙斯星的距离 =1.5 亿千米 $\div \tan 0° 0' 0.31''$。

在一个高级的计算器上猛击几下，它就会告诉我们：

$\tan 0° 0' 0.31'' = 0.000001502$

所以，太阳到宙斯星的距离 =

$150000000 \div 0.000001502 = 99805550000000$ 千米。

也就是说，宙斯星距离太阳大约 100 万亿千米远！

（这个距离其实是很小的。除了太阳之外，离我们最近的恒星就是比邻星，距离只有 40 万亿千米。而大部分恒星离我们都有好几千万亿千米远呢。想象一下，它们的视差角该有多小！）

秒差距、光年和（最后）一条捷径

你一定会原谅天文学家们的"欺骗"行为，因为这为计算出行星距离提供了一条又好又简单的捷径。噢，伙计，我们需要一条捷径！天文学家们把太阳和地球之间的距离称为1个天文单位或1AU。

如果一颗星星的视差角是1″，那么天文学家们就会把它离太阳的距离记作1秒差距或1pc。下面就是它看上去的样子：

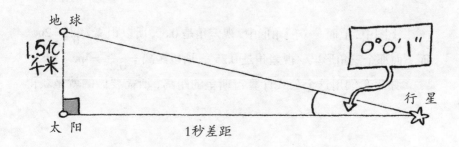

再用一次 tan，我们可以计算出 1 秒差距的长度：

$$\tan1'' = \frac{150000000}{1pc}\ 因此，$$

$$\begin{aligned} 1pc\ \ &=150000000 \div \tan1'' \\ &=150000000 \div 0.000004848 \\ &=30940000000000\ 千米 \end{aligned}$$

光传播一年走的距离称为 1 光年，1 光年实际长 9500000000000 千米。所以，你可以快速在头脑里算出 1pc=30940000000000÷9500000000000=3.26 光年。

那么，计算星星距离的简单捷径在哪里呢？

这就是它：$D=\dfrac{1}{P}$

很可爱吧？

D 就是星星以秒差距为单位来测量的距离。

P 就是星星以弧分为单位来测量的视差角。

下面是展示这个公式怎么运用的两个例子：

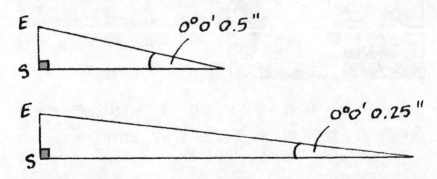

上图中，上面一个三角形中，视差角是 0.5″，所以距离为 $\dfrac{1}{0.5}$=2pc。而下面那个三角形里，视差角是 0.25″，所以距离 = $\dfrac{1}{0.25}$=4pc。

如果我们用这个公式计算宙斯星的距离，所需要做的就是获得

M 和 S 的测量值。把它们加起来就能得出 Z，然后把 Z 除以 2 就得到视差角了。算出 1 除以视差角的值就是秒差距单位的距离了。这个听起来比较费劲，但我们来看看它的结果吧。

宙斯星的距离（PC）＝ $\dfrac{2}{M+S}$。

把 M 和 S 的测量值代入上式，就能得到 $\dfrac{2}{0.62}$ =3.226pc。

我们可以来核对一下这个答案。由于我们已经求得 1pc=30940000000000 千米，所以宙斯星的距离为 3.226×30940000000000=99810000000000 千米，这和我们之前求的值非常接近。

太空是一个不可思议的地方。公式 $D=\dfrac{1}{P}$ 从根本上说明了一个道理，那就是如果你把三角形的一个角从中间切成两半，它的两

条邻边的长度就会翻倍？！呃！如果你在一个诸如 35°或 78°这样比较肥大的角度里试这个原理，结果就会大相径庭。可一旦你在一个美好的深夜里去尝试它，这个特别长而瘦的奇异三角形就会开始接受这个原理，而且依它们自己的规则运行得更好。是不是感觉有些毛骨悚然？

让我们还是回归到地球吧。

受损计算器的应急操作

到目前为止，你可能已经意识到没有必要为了测量，就把所有的钱都花在芬迪施角度机上。只要你有计算器，就可以得到比芬迪施教授那个愚蠢的机器准确得多的结果。

哎呀！天哪！他竟然把我们非常重要的 sin 按钮给偷走了，不过不要恐慌。我们早就想到他可能会使用一些极端的手段，所以如果你由于某种原因而无法使用计算器上的某一个按钮，在你得到一个新的计算器之前，这里有一些应急的操作步骤。

失踪的sin按钮

当我们第一次玩计算器时，发现 sin30° =0.5，cos60° =0.5，因此 sin30° =cos60°。接着，我们又发现，如果两个角加起来为 90°，那么一个角的 sin 值就等于另一个角的 cos 值。这其中的原因非常巧妙，当你明白它的时候，你将会因为满足而快乐。所以，做好快乐的准备吧……

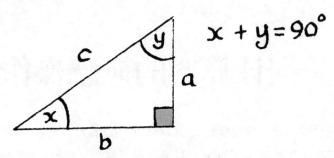

在任意一个直角三角形里,两个较小的角加起来都为90°。(这是因为,任意一个三角形的3个角之和都为180°,而直角是90°,所以其他两个角加起来肯定是180°−90°=90°。)因此,在这个三角形中 x+y=90°,我们可以进行移项,得到 y=90°−x。

你可以想象一下自己正坐在角 x 的位置上,看到对边是 a 而斜边是 c,因此 $\sin x=\frac{a}{c}$。现在你又去坐在角 y 的位置上,发现邻边是 a 而斜边是 c,因此 $\cos y=\frac{a}{c}$。你发现其中的奇妙之处了吗? $\sin x$ 和 $\cos y$ 是相等的两个分数,它们的上下两部分都完全一致,所以我们得到 $\sin x=\cos y$。同时,由于我们之前已经知道 y=90°−x,所以可以把结果写成这样:

$\sin x=\cos(90°-x)$

这个有点儿刺激了。即使我们可爱的 sin 按钮被丢弃到某个垃圾堆里,只要我们的 cos 按钮可以工作,我们就仍然可以获得任何我们想要的 sin 值。

没有 sin 按钮,怎样用计算器算出 sin61°的值?

▶ 由于 $\sin x=\cos(90°-x)$,我们把两个 "x" 都代换成61°,就得到 $\sin 61°=\cos(90°-61°)$。

▶ 因此,sin61°=cos29°。

▶ 谢天谢地,cos 按钮还能正常工作。快速地按一下,它就会告诉你 cos29°=0.875。

▶ 因此，sin61° =0.875。

怎么样？在新的计算器出现之前，我们没有 sin 按钮也可以存活下来。多么令人满意啊！

破损的cos按钮

显然，教授还没有意识到，如果你的新计算器里没有了cos 按钮，还是可以用同样的办法来解决问题——这次是用 sin 按钮来做替代。如果你想知道 cos33°的值，只需要算出 sin（90°–33°）即可，也就是 sin57°，即 0.838。这可能会让你觉得奇怪，为什么人们最初会不嫌麻烦地把两个按钮都安装在计算器上。他们完全可以把其中一个空间留给一个紧急起飞按钮，或者一个不可见的按钮，或者是一些更有用的东西……

一个坏了的数字按钮

让我们来看看下面这个奇怪的东西：

$$(\sin x)^2+(\cos x)^2=1$$

这个等式产生于勾股定理，而且在某些奇怪的场合里，它会很有用。假设你需要知道 cos23° 的值，但你的 cos 按钮坏了。你可以按照刚刚看到的那样，计算出 sin67° 的值，结果是相同的。但是如果你的数字"6"按钮也坏了呢？

这事儿好办！

让我们把公式中的 x 换成 23，然后重新进行一次大洗牌，得到：
$$(\cos23°)^2=1-(\sin23°)^2$$

我们的计算器仍然有足够的按钮计算 sin23°，它的值是 0.391。接着，我们把它代进去，就能得到 $(\cos23°)^2=1-(0.391)^2=1-0.153=0.847$。所以，$\cos23°=\sqrt{0.847}=0.920$。

现在，是时候预订一个最新的计算器了。

简直是要把我气死！这次我要破坏tan按钮了！

损毁的tan按钮

翻回到第 53 页，我们会看到 3 个重要的公式：

$$\sin=\frac{对边}{斜边} \quad \cos=\frac{邻边}{斜边} \quad \tan=\frac{对边}{邻边}$$

这儿有件奇怪的事情。让我们看看，如果你把 sin 放于 cos 之上会发生什么？

$\frac{\sin}{\cos}$ 和 $\sin\times\frac{1}{\cos}$ 是一样的。要得到 $\frac{1}{\cos}$，你只需把 cos 的分数上下颠倒就可以，所以 $\frac{1}{\cos}=\frac{斜边}{邻边}$。因此 $\frac{\sin}{\cos}=\frac{对边}{斜边}\times\frac{斜边}{邻边}$。我们看到，斜边在分式的上边和下边都出现了，如果你对分数有点儿了解，你就会明白它们是可以互相抵消的。因此，我们只用留下……$\frac{\sin}{\cos}=\frac{对边}{邻边}$，而这和 tan 相等！所以最后的结果是：

$$\tan=\frac{\sin}{\cos}$$

突然，你需要知道 tan76°的值，可是……

令人惊讶的是，你的 tan 按钮已经被破坏了。没关系，你所需要做的就是计算 $\tan76° = \dfrac{\sin76°}{\cos76°} = 4.01078$。

如果你的 tan 按钮再次工作的话，你可以检验一下这个答案。你应该能发现 $\tan76° = 4.01078$。运气好的话，你还会发现，不再会有按钮出毛病了……

给我们一个波

至此，你可能会认为 sin 是一个只存在于计算器以及某些怪人头脑里的很无聊的数学符号。实际上，sin 可比你想象的亲切多了，因为它可以形成一个特别的形状，被人们称为正弦波。正弦波在我们实际生活中经常出现，因为它可以描述各种各样的事物——从公园中的秋千的摆动，到热、光和手机信号的电磁波的形状。

如果你想自己画一个正弦波，这儿有两种方法。一种是用量角器，另一种是用计算器。

哦，天哪！这群古怪的纯理论数学家们，想再一次利用完全疯狂的实验来探索尖端科学。别浪费你的头脑去琢磨，他们用一大桶油漆和一副望远镜要干什么。尤其是，不要尝试去想他们需要的"一件东西"是什么。你将永远无法猜到。

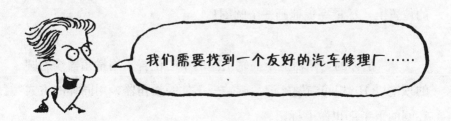

看到了吗？他们越来越离谱了。这个问题还是留给他们自己去解决吧。接下来，看看怎么用一种明智的方法来画正弦波。

量角器正弦波

现在，你需要你的几何工具箱和一张 A4 坐标纸。等你画完之后，你的图表将几乎完全占据坐标纸，而且样子看上去应该和下面的这个差不多。

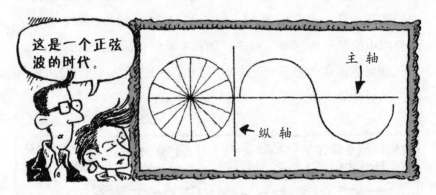

▶ 把你的坐标纸转 90° 横放，然后画一条横穿中央的长线。（这条线应该长约 28 厘米或 29 厘米。）这就是横轴。

▶ 距横轴左边端点 10 厘米处，呈直角画一条线纵穿横轴，这就是纵轴。

▶ 在横轴上，距离左边端点 5 厘米处的地方做一个标记，然后打开你的圆规设定半径为 5 厘米，并把圆规的针刺在你刚刚标记的位置上。尽量完美地画一个圆圈！

▶ 把你的量角器放于横轴上圆的中心位置。用量角器绕着圆的顶端以 10° 相间隔做标记。旋转一下你的量角器，用同样的方式在圆的下半部也做上标记。

▶ 在圆的标记处加上标注。横轴上最接近页面中间的地方标记为 0°。往上的下一个为 10°，接着 20°……就这样，完全一致地走一圈，直到你再次回到 0°，也就是 360°。（你或许只想间隔标记如 20°、40°、60° 等。）当这个圆结束时，有点儿像这个样子。

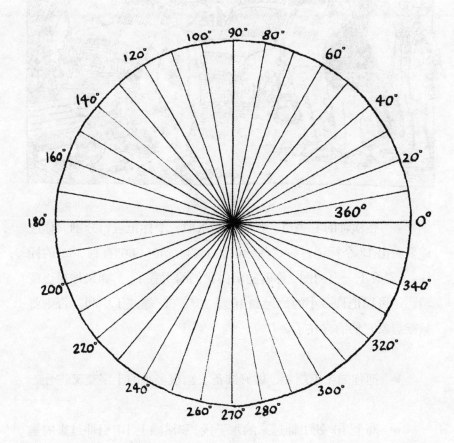

▶ 现在，休息一下，并赞美你那漂亮的手工绘图吧！天哪，你太棒了！今天是正弦波，明天你就能设计过山车和星际火箭了。而且毫无疑问的是——你比纯理论数学家们做得好多了！

▶ 在横轴的右手边，每隔 1 厘米做一个标记进行分割。你应该要做出 18 个标记。将这些标记加上 20°、40°、60°直到 360°的标注。（看看下一页的图，你就能明白我们的用意了。）如果你想更精确，还可以把许多小的标记如 10°、30°、50°等放于中间。否则就只能想象它们的存在了。

▶ 把你的铅笔削尖，做好准备去画很多小的十字交叉符号。

▶ 圆上 10°处引伸过来的水平线，和横轴上 10°引伸过来的垂直线交于一点，在这个交点仔细地打上一个十字交叉符号。尽可能认真地完成这件事！用同样的方法为 20°等标记处各打上一个十字交叉符号。

在图解里我们向你展示了怎么给 230°打上十字交叉符号。它位于横轴 230°标记的正下方，也在圆上 230°的延长线上。

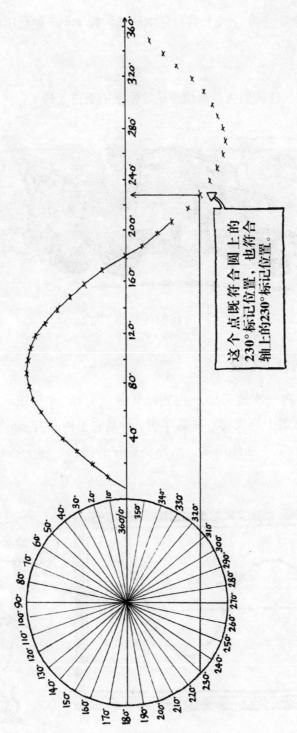

这个点既符合圆上的230°标记位置，也符合轴上的230°标记位置。

▶ 把这些十字交叉符号仔细地连接起来……就会出现一个完美的正弦波！

现在，让我们去看看纯理论数学家们干得怎样了。

算了，再三考虑之后，我们还是别看了。

计算器正弦波

你将再一次地需要一些坐标纸和一个有 sin 按钮的计算器。（噢，计算器上还需要一些数字键，要是它上面只有 sin 按钮就没多大用处了。）如你所知，当你完成它的时候，样子将和下面这个差不多：

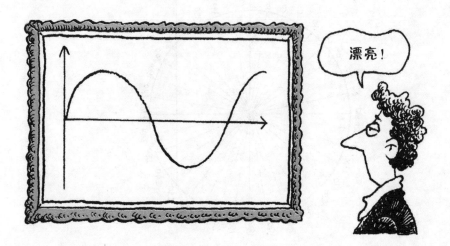

▶ 把你的坐标纸转 90°横放，然后横穿中央画一条长线。这就是横轴。

▶ 在左手边纵穿横轴呈直角画一条线，这就是纵轴。

▶ 分割横轴。如果你沿着横轴每隔 1 厘米做一个标记，那么你至少应该做出 24 个标记。把这些标记加上 20°、40°、60°等标注。如果你愿意可以一直到 360°。

▶ 分割纵轴。在横轴上方你需要留出 5 厘米，在横轴下方你也需要留出 5 厘米。每隔 1 厘米做一个标记。把横轴上方的标记标注为 0.2，0.4，0.6，0.8，1.0，把横轴下方的标记标注为 −0.2，−0.4，−0.6，−0.8，−1.0。完成后，它应该像这个样子。

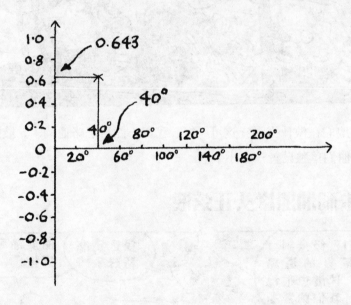

▶ 现在，需要在你的图表上标记一些小的十字交叉符号了。你将看到，我们已经有点儿疯了，竟然从 40°的地方开始打叉。我们所做的，就是把 sin40°输入计算器得到 0.643。然后，从纵轴上找到 0.643 的位置，沿着从这里画出的水平线一直往前，在横轴 40°标记的正上方画一个十字交叉符号。你需要做的，就是沿着横轴把所有标记的角度都紧跟着 sin 输入你的计算器。当你输入 180°时，

应该会发现计算器给出的答案是 0，所以你将十字交叉符号正好画在了横轴上。接着，输入 sin200°，你将得到 -0.342。负号表示你的十字交叉符号应该在横轴的下方！

▶ 继续画出你的十字交叉符号，直到 360° 的位置，这时你会发现答案又是 0。如果你继续绘制 380°、400°、420°……你会发现十字交叉符号的模式开始重复了！

▶ 把你所有的十字交叉符号连接起来，这就是一个正弦波。

他们在做什么呢？这可不好，我们不能再忽略他们了，最好还是为他们单独设置一个小节。

皮卡和油漆罐头正弦波

让我们试着去弄懂他们到底在忙什么。目前，他们正以恒定的速度在一条笔直的道路上行驶，皮卡的后方有一个左右摇摆的油漆桶。这些都比较好理解，但是他们拿两脚规和望远镜到底是干吗的呢？

哎呀，天哪！虽然看上去很疯狂，事实上他们已经画出了一个完美的正弦波。更为重要的是，这个实验展示了正弦波这个数学问题和钟摆工作的原理有着紧密的联系。其中，油漆桶那左右摇摆的方式，恰好和古时候时钟的钟摆一样。现在，只剩下一个秘密没有解开——望远镜是干吗的？

从这件事情中，我们可以学到一个非常重要的道理，看仔细，千万别遗漏了。聆听一下经过艰难困苦而学到的人生箴言吧：

余弦波和正切波

通过计算器的方法，你还可以画出余弦和正切的波形。下面就是你将得到的图形。

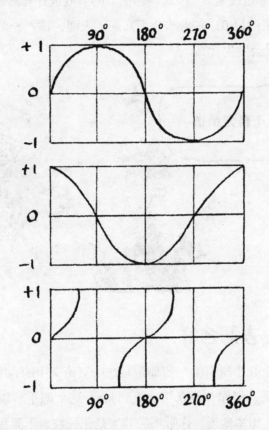

余弦波和正弦波完全一样，只不过前进了一点儿。它们两个都在 +1 和 −1 之间来回地摆动。可是正切波却是一个完全不一样的东西，因为 tan 的值可以比 1 大很多，也可以比 −1 小很多。实际上，tan90°无意义。使用 sin 和 cos 时，你绝不会去除以 0，因为你总是在除以斜边，而斜边绝不会等于 0，因为它是最大的边。（记住，sin= $\dfrac{对边}{斜边}$，cos= $\dfrac{邻边}{斜边}$。）

然而 tan= $\dfrac{对边}{邻边}$，它意味着你除的是邻边，如果你的角度是 90°，那么邻边就是 0。因此当你把 tan90° 放进计算器时，你是在请求计算器去除以 0，它当然会不高兴。来吧，输入一个数，用它除以 0，看看会发生什么。

它没有一个稳定的值……

sin 听上去怎么样

数学上几乎所有的东西都是写在一页论文中的，并试图让自己看上去很难，但你却能真切地听到 sin。这个似乎难以置信，但它却是真的。坦率地说，你听到的其实是正弦波，下面我们就来讲讲它是怎么产生的。

当你有一个喇叭连接在你的音乐播放器上，从电线中传过来的电流，会使喇叭的中间部分在 1 秒钟内前后振动几千次。（如果你把手放在喇叭的前方，将感受到空气的震动，因为喇叭里面正在前后地振动。那就是声音产生的原因。）你可以画一幅图说明电流对喇叭的影响，一个非常简单的声音看上去就是下面的样子。

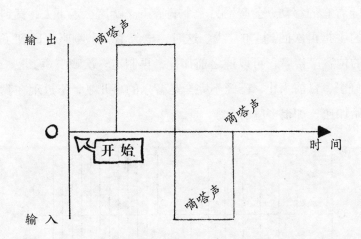

让我们看看它是怎样运行的吧。把你的手指假装成喇叭的中间部分，然后放在图中"开始"的位置上。你的手指位于"0"线上，就好像没有电流通向喇叭一样。

现在，请沿着线移动你的手指。突然，这条线让你的手指往上扬起，对于喇叭而言，这就像电流突然让喇叭向外呼喊一样。如果你的手指真的是个喇叭，你将会听到一个非常刺耳的嘀嗒声。这简直和维罗妮卡必定会输给庞戈的那个赌约像极了……

现在，把你的手指移动得更远，突然，它下降到"0"线的下面。这就像电流突然逆向，使喇叭朝里面呼喊。

随着它的移动，会产生另一个嘀嗒声。就这么走下去，直到最终你的手指再次回到"0"线。这时，电流消失，喇叭也回到了它开始的位置。接着，可以像之前那样，再制造一次嘀嗒声。

好了，目前为止，已经不完全是音乐的事儿了，不过现在我们要开始加速，加很多哦！

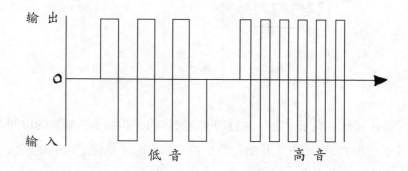

在这张图里，高和低的部分都比之前靠得更近，显示了电流是怎样让喇叭的声音更快进进出出的。嘀嗒声发出得太快，以至于我们都不能一次一次地听清楚。然而，我们却听到了音符的声音。当电流使扬声器更快地移动时，我们听到了一个高得多的音符声。

这条线的形状决定了音符的不同音调。由于我们的线直上直下，而且在顶部和底端都是平的，我们便称之为"方波"。是的，没错，我们知道它其实看上去更像矩形而不是正方形，但不要责备我们，我们又不是在给它取名字。当你听到一个方波在演奏低音时，它听起来感觉有点儿空洞，还有点儿轻微的嗡嗡声；当演奏高音时，听起来却像困在下水道里的黄蜂发出的叫声。

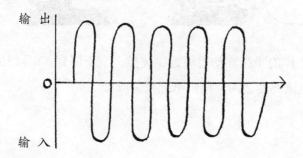

现在，我们要放入一个正弦波穿过扬声器。正弦波会使扬声器来回地平稳移动。事实上，它是那样的平稳，以至于当扬声器移动得非常缓慢时，我们根本听不到任何的嘀嗒声或是其他声音。但是，当正弦波的速度加快，我们就能听到音符的声音，它听上去和方波的声音很不一样。它没有"嗡嗡声"，取而代之的是一种很柔和的音调，就像有人在轻吹长笛。如果你知道陶笛的话，它听上去更像那个声音。(陶笛长得像一个窟窿，是用黏土做成的土豆形状的东西，上面还有小孔，可以往小孔里面吹气。)不过，如果你真的很想知道正弦波的声音，你也可以听一下庞戈用鼻子吹口哨，发出的那温和舒缓的优美音调。

如何让你的音乐播放器爆炸

如果你把一个余弦波放入扬声器，它听起来会跟正弦波的声音非常相像，因为余弦波只是再一次地使扬声器来回缓慢地移动。然而，如果你想让你的音乐播放器爆炸，你可以给喇叭放入一个正切波。一个合适的正切波将会把你的喇叭的中央发送到无穷远的地方，一直到宇宙的尽头，然后再把它从宇宙的对面，也是无穷远的地方拉回来。并且，是在1秒钟内对一个很高的音调，做1000次这样的事。这样做将会很奇妙，当然也会很昂贵。但听起来很让人兴奋！

你认为你要去哪里

我们已经学习了这本书里一些非常可怕的数学知识，所以让我们离开那堆三角形，休息一下，乘一只小船进行横穿海湾的旅行吧。（你还记得 sinus 是什么吗？它是拉丁语中"海湾"的意思。）在我们出发之前，需要准备一幅地图和一个指南针。带有磁针的这一类指南针将永远指向北方，它和那种有一对锋利尖针的两脚规很不一样。

首先，让我们来检查一下指南针。

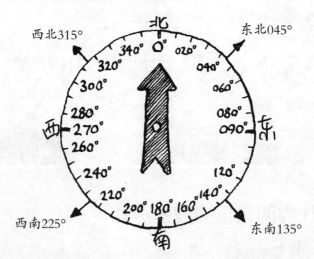

我们可以用指南针得到"方位"，换句话说就是找出每件物体的方向。使用指南针的方法是，将它放在一个平坦的物体上等待指针稳定下来。然后，轻轻地将它整体旋转，直到刻度盘上的0°标志位于指针末端的下方。你将看到刻度盘沿着顺时针方向整个一圈都绘有度数的标记。东方是090°（方位角总是被写成3位数，这就是为什么是090°，而不是90°的原因），南方是180°，西方是270°。所以如果你面朝135°方位，你就要朝东南方向离开。

逆向思考

在我们出发前，还有一个小问题要搞清楚。让我们来看看下面这两个指南针。

从指南针 A 的视角看，指南针 B 是在 115°方位角上。但是从指南针 B 的视角看，指南针 A 却恰好在相反的方向。如果你转过身面朝相反的方向，你需要转动 180°。（这和你加上或减去 180°是没有关系的，你最后都将恰好朝向相反的方向。）因此，指南针 B 看指南针 A 的方位角应该是 115°+180°=295°。

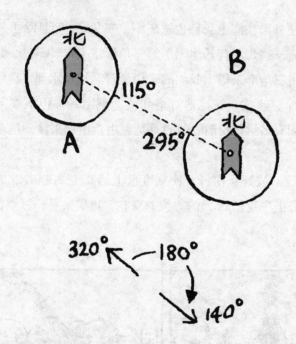

假设你正看着一个叫琳达的朋友，她位于 320°方位角。从琳达的立场来看，你将会是在什么方位上呢？两个方位角之间的差将一直是 180°，所以你可以说琳达看你将在 320°–180°=140°的方位上。（因为你的答案需要在 0°到 360°之间，所以你可以选择是加上还是减去 180°。）

哟嗬！我们要起航了，水手。

我们的精确位置

唉！即使外出在海上我们也逃离不了三角形。而且除了一些帆是三角形的——这儿还有其他无形的三角形在工作。不过，好处是我们可以利用三角形来得出我们的确切位置。越过水面，我们可以看到两个地标性建筑——棕池灯塔和快鹿烟囱——但很难判断它们到底离我们有多远。我们能做的只是利用指南针来精确地观察它们的位置。

首先，我们放好指南针，使刻度盘上的0°正好指着北方。然后，发现灯塔正在我们062°的方位。现在，我们来看一看烟囱，它正在我们112°的方位。

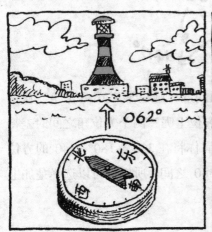

我们现在必须要逆向思考，才能计算出我们在哪儿！

▶ 如果灯塔在我们062°的方位，那么我们就在灯塔062° + 180° =242°的方位角的位置。

▶ 烟囱在我们112°的方位处，所以我们就将在烟囱112° + 180° =292°方位角的位置。

让我们在地图上标出位置并看看吧。

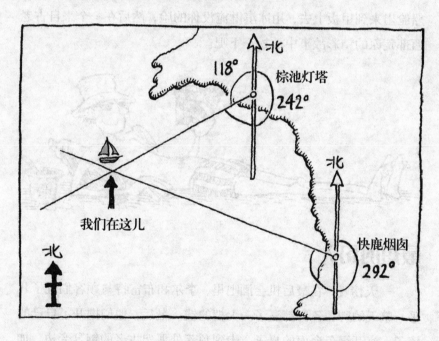

我们用量角器从灯塔的242°方位拉出了一条线。如果你有一个圆形360°的量角器，就能很容易地测量出242°这样的角度，只是要记住测量从北方开始且按顺时针方向旋转。可是如果你只有一个半圆形的量角器，对于一个大于180°的角，你可以很容易地算出360° −242° =118°。然后，从北方开始按逆时针方向测量出118°这个角。

我们从烟囱的 292°方位也拉了一条线出来。它和灯塔处拉出的那条直线交会的地方就是我们小船的位置！幸亏有地图、指南针和三角形，我们才计算出了自己的位置。

现在，我们知道了我们在哪儿以及我们在做什么，那我们就有事情做了。我们需要找到一个古老的水下残骸，然后将它的位置精确地标记在地图上，以便让人们知道。首先，我们要把船开到唱歌的浮标处，然后从那里开始四处寻找。到达浮标处需要一些时间，所以当你在等待的时候，为什么不享受一下丰富的船上生活呢？从船舱出来到甲板上去，用冰淇淋淹没你的脸，然后在一个来自古老西部荒原的精彩故事中放松一下吧。

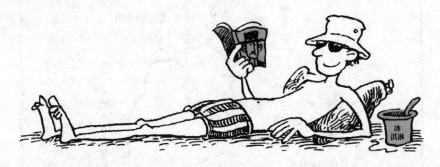

最短的切入

一天傍晚，在最后机会酒吧里，李尔和布雷特与顾客们玩了几乎一整天的牌，各自都赢了一大把的钱。最后，他们推开了自己的椅子，离开绿色台面的桌子，走到角落处那架古老的钢琴旁边，加入到聊天的人群中。

"我只是喜欢在古老的音乐酒吧里度过夜晚。"李尔对布雷特说。

"是的，我也是。"他表示同意，"谁知道呢？可能有一天会有人坐上去并演奏它。"

就在这时，酒吧的大门摇摇晃晃地打开了，苍老的淘金者威尔·纳吉紧握着一张黄色的纸蹒跚着走进来。

"我把那些金子都埋了！"他宣布，"只要我活着，我就再也不想看到金子了，所以我带着现金回来了。这张是我埋藏金子的地图——价格 1000 元！"

"嘿！"布雷特向李尔耳语道，"他已经在那些山里干了几个月了，那里肯定有很多财富。"

"对啊，"李尔附和道，"但是我只有 500 元。"

"我这儿还有 500 元，"布雷特说道，"那我们加在一块就有 1000元了——足够买那张地图了。你想做我的拍档吗？"

"算我一个！"李尔说。

他们把钱放在一块儿，然后走过去和威尔说话。片刻过后，布雷特和李尔就在酒吧外纵马奔驰了，布雷特手中紧紧握着那张地图。

"让我们来看看上面写的什么。"李尔说。布雷特给她看了一下。

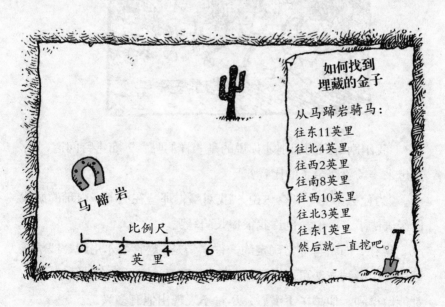

"我们必须从马蹄岩处出发。"李尔说道。

"那就去吧！"布雷特骑在马上飞驰着。李尔在后面试图和他

并驾齐驱。

"你能和我一块儿做事情还真是有趣，"布雷特越过她的肩膀喊道，"你通常都会在游戏或其他事情上骗走我的钱。"

"如果你愿意，我们来玩一个游戏吧。"李尔说，"来一场争夺金子的比赛怎样？"

"什么？"

布雷特拉了一下缰绳，马往后退了退，使得李尔可以跟上来。显然，他并没有听清楚。

"我刚刚听到的和刚才你说的是一样的吗？"布雷特问道，"你是想来一场争夺金子的比赛？"

"为什么不呢？"李尔说，"我对赢得那些在酒吧室内玩的游戏已经厌倦了。再说，也许我很擅长骑马呢。"

现在，布雷特非常确定的一件事情是：尽管李尔用牌、骰子或硬币有 100 种方法可以欺骗他，但是，骑马，他想什么时候超过她，都能做得到。他舔了下嘴唇，尽量不表现出他有多兴奋。

"当然，"他说道，"如果你想比赛，我又怎么会让一名女士失望呢？成交了。"

"同意。"李尔说,"谁先到达,金子就全归谁。"

此时,他们已经来到了马蹄岩前。夜幕降临,李尔看上去很疲倦,全身酸痛。她从马上滑了下来,困乏地斜靠在一块弯形的大石头上,石头在月光中散发着奇异的光芒。

"我猜比赛被取消了吧。"布雷特失望地说道。

"我不会那样对你的。"李尔说,"既然达成了协议,我就会坚持住的。"

"那么,你还想继续比赛?"布雷特喘着气问。

"只要我一缓过劲儿,我们就出发。"李尔说,"第一个到达的人拿走所有的金子。"

几分钟过后,李尔已经爬回她的马上,但看上去仍然在摇晃。布雷特不相信他的运气会这么好。即使他能在某件事情上打败李尔一次也好!他不能浪费任何机会。

"这儿只有一幅地图。"布雷特说。

"我能记住所有的方向。"李尔说。

"你当然可以。"布雷特假笑道,"除了地图之外,你前面还将一直有我的马蹄印可以跟随!"

"听起来,你对赢得比赛很有把握啊。"李尔说。

布雷特非常确信,并且成竹在胸。

"那么开始吧,"他说,"我们还在等什么?出发吧!耶哈!"

就在挥帽的一瞬间,他已经跑完了向东的 11 英里。几分钟之后他往后看了看,已经没有李尔的影子了。

"耶——哈!"他再次对自己喊叫道,他认为自己将赢得这次比赛。

布雷特骑着马穿过黑夜,在星星的指引下骑行了很远。正当他和他那匹筋疲力尽的马向东方最后 1 英里前进时,太阳在他面前跃出了地平线。布雷特把马的速度放慢,然后数了数步数,以确保他确实精确地骑行这最后的 1 英里。终于,在他的正前方,他看到一个东西!那是一个在地面上挖出的小洞,而且紧挨着它的棍子上粘着一张便笺:

> 我猜我终于可以骑得比你好了。下次见面，请你喝酒。
>
> 爱你的李尔XX

当布雷特把这张便笺撕成碎片时，李尔和威尔已经回到了最后机会酒吧，正在那里嘲笑布雷特呢。

"我猜，老布雷特一定在想，我正坐在一大袋金子上呢！"李尔笑着说。

"管他呢。"威尔回答道，"这里是还给你的 500 元，这是布雷特的 500 元！"

"它已经不再是布雷特的了，"李尔咯咯地笑，并开始数钱，"那是我们两个人的，我们每个人 250 元解决了。"

李尔把威尔的份额递给他，那个老人把钱叠起来放在帽子下面。

"这可是你的一个大计划，"威尔笑着说，"想为谋生而淘金子，当然很容易上当！"

结束。

但是，李尔是怎样赢得比赛的呢？

事实上，李尔再一次戏弄了布雷特！这一次，她和假装埋藏了一包金子的威尔合作。只要李尔先到达正确的地点，布雷特就会认为他已经输掉了比赛，且不会意识到这里自始至终都没有一丁点儿金子。然而，李尔是怎样在他前面到达那里的呢？

秘密就在于地图上的众多方向里。这份地图是李尔一开始就设计好了的。如果你把布雷特经过的路线画出来，事情就变得清楚了。

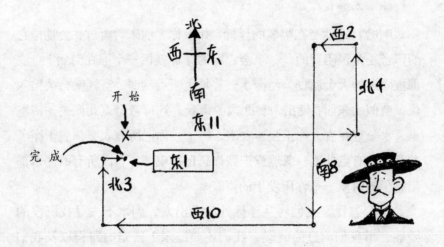

虽然布雷特一共骑了 39 英里，但他最终停留在离出发点朝南仅仅 1 英里的地方！所以李尔需要做的就是往南骑 1 英里，留下纸条然后就去和威尔分钱了。

假如你只单纯地前往东、南、西、北 4 个方向中的一个方向去旅行，那么很容易算出你最后可能在哪里结束，而且你甚至都不用把它画出来。你可以把上面图中所有的方向再看一遍，将布雷特在每个方向上行走的距离加起来。

东方：11+1=12 英里　　　　　　　西方：2+10=12 英里

布雷特向东边走了 12 英里，又向西边走了 12 英里，他最终还会在他出发的地方！所以东边和西边的距离就抵消了。

北方：4+3=7 英里　　　　　　　南方：8 英里

他还往北走了 7 英里，往南走了 8 英里。

当你把这些放在一块儿，就会发现他最终停在离出发点南边 1
英里的地方，这就是上图告诉我们的！

沉没的残骸

噢……噢！

啊哈！这就是在唱歌的浮标，如果你之前未曾听过，会觉得它
的声音还是很阴森的。一个会唱歌的浮标就像一个浮在海面上、底
部被固定的大金属桶。当海水轻轻地上下浮动时，空气就会被推入
像口哨似的东西，发出一种悲戚的声音。这声音有点儿像——浴室
里，水一直在流，你正脱着衣服，终于，你把所有衣服都脱干净了
并且觉得有点儿冷，忽然意识到你忘记接电源了，而所有的热水都
用完了的时候——你所发出的声音。

不管怎样，我们将从浮标处动身出发，到水下去寻找沉没的
残骸。当我们前进的时候，我们还要记录下所走的路程以及我们
的方向。

太棒了！现在我们来核对一下我们前进的方向：

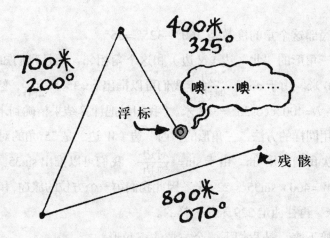

噢,天哪,真是一团糟! 我们已经朝325°方位角移动了400米,然后朝200°方向移动了700米,再接着又朝070°方向移动了800米。现在,我们想在地图上精确地标记出残骸的位置,但这么多方位可比布雷特走的道路难多了。标记准确位置的一个方法是:画一张精确比例的图。但如果你正在船上,一个浪打上来,就会把你干净的图纸泼个透湿,这种方法就不太好用了。不要怕,我们可以用一些三角形计算出残骸的准确位置!

我们将要做的是,把旅程中的每一步都依次转换成北方、南方、东方或西方。我们马上做一下第一个测量,然后你会发现发生了什么。

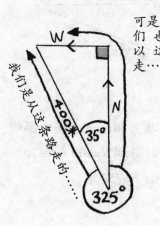

第一个方位是,我们朝325°方位走了400米。如果我们直接往北方前进,接着直接往西方也能到达同样的地点。其实,计算出我们需要往每个方向走多远并不太难,因为正如你所看到的那样,我们已经得到了一个很小巧的直角三角形!

底部这个角的度数是 360° −325° =35°。

三角形的"北"边（N 边）和这个角相邻，而且我们知道斜边是 400 米。由于 $\cos=\dfrac{邻边}{斜边}$，我们可以推出 $\cos35°=\dfrac{N}{400}$，变换一下得到：$N=400\times\cos35°=328$ 米。（我们只把计算结果精确到米。）

用同样的方法，三角形的"西"边（W 边）是 35°角的对边，所以这次我们使用 sin。由于 $\sin=\dfrac{对边}{斜边}$，我们可以推出 $\sin35°=\dfrac{W}{400}$，得到 $W=400\times\sin35°=229$ 米。因此我们第一个方位的旅途，和往北走 328 米，再往西走 229 米是一样的。

接下来，是我们下一个方位的三角形。

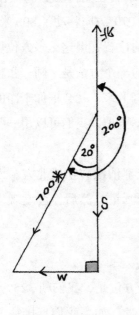

这一次和往南方，再往西方前进是一样的。顶端的角是 200° −180° =20°，斜边是 700 米。我们可以看到 $S=700\times\cos20°$，$W=700\times\sin20°$。如果你把它们解出来，就得到 $S=657$ 米，$W=239$ 米。

现在，是我们最后一个方位的三角形。

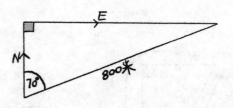

这一次我们可以把这个方位分解成北方和东方。在底部的这个角是 70°，而且斜边是 800 米。我们得到 $N=800\times\cos70°$，$E=800\times\sin70°$，结果算出来就是 $N=274$ 米，$E=752$ 米。

现在，把我们的路线转换成这个样子。

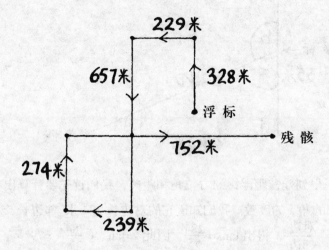

让我们用解决布雷特路线时用到的方法，把所有北方、南方、东方和西方各个方向放在一起。首先，我们把北方和南方的部分加起来。

北方：328 米 +274 米 =602 米

南方：657 米

因此，如果我们一共往北方走了 602 米，往南方走了 657 米，那么我们最终将停在离浮标南边 657 米 –602 米 =55 米的地方。

现在我们来计算东方和西方。

东方：752 米

西方：229 米 +239 米 =468 米

所以，如果我们一共往东方走了 752 米，往西方走了 468 米，那么我们最终将停在离浮标东边 752 米 –468 米 =284 米的地方。

因此，我们可以确切地说，我们在浮标南 55 米、东 284 米的地方找到了残骸！

而且，我们还可以创造出一个最终的三角形。

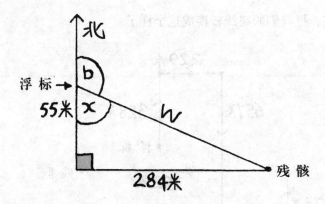

为了得到残骸距浮标的方位角和距离，我们首先要计算出在三角形顶端的角 x 的度数。我们知道它的对边长 284 米，邻边长 55 米。由于 $\tan=\dfrac{对边}{邻边}$，得出 $\tan x=\dfrac{284}{55}$，因此 $x=\tan^{-1}\left(\dfrac{284}{55}\right)=79°$。

接下来，我们需要解出从北方旋转的那个角度来获得方位角，我们把它标记为 b。由于一条直线上的角度是 180°，我们可以得到 $b=180°-79°=101°$。

所以，这个残骸在距离浮标 101° 方位角处，而且我们还要炫耀一下，用勾股定理来求得 W 的距离。W 是三角形的斜边，因此有 $W^2=284^2+55^2=80656+3025=83681$。然后计算出 $W=\sqrt{83681}=289$ 米。

你瞧！现在我们可以向世界宣告，残骸在距浮标 289 米且 101° 方位角处。

到我们回家的时候了。

一次邂逅

海上航行时，还有一件古怪的事情值得了解。如果你沿一条直线航行，而且看到远方有一条船可能会横在你前行的路上，那么看看它在哪个方向不失为一个明智之举。这儿，我们看到在127°方位上有一条似乎散发着臭味的小船，但是它离我们很远。

过了一会儿，我们再核对一下方位角。如果发现这条船仍然出现在相同的方向，那么它将和你的船相撞！咦……再一次，它还是在127°方位角上。让我们检查一下望远镜吧……

噢，不！芬迪施教授仍然在努力地强行推销他的角度机。还有就是，这个望远镜不错吧？它可以让教授看起来仿佛就在眼前，甚至把臭味也带近了……

你到现在还是觉得不需要我的角度机吗？哈哈！等着吧，你将看到在下一章里，我给你带来了什么！

角度机的最后挑战

噢，天哪，这本书都快完了，可教授仍然没能成功说服我们购买他的角度机。他在做最后的一次尝试，通过营建一个恶魔级的挑战来赚走我们的钱！毫无疑问，它将涉及解决三角形的问题，但是有我们这本书展示给你的超级新技能，一切都不是问题。记住，一个三角形中有6个测量值，其中3个是角度，另外3个是边长。所以：

> 如果我们知道任意三角形中的任意3个测量值★，那我们就能找到其他3个值。

哼！要是你自认为很聪明，这儿有份协议。如果角度机首先得出难题的答案，你就必须买下它。那么你是接受挑战呢，还是当一个懦夫呢？

★ 必须至少有一个测量值是边的长度。

哎呀，天哪！"经典数学"的粉丝们可能会被形容成各种各样（包括疯狂、满手都是墨水、捉摸不定、出色、怪异、害羞或者相当绚烂华丽）的人，但我们中间从来没有懦夫。我们当然要接受挑战。我们一定不会被那愚蠢的机器打败，所以来看看这个差劲的挑战是什么吧。

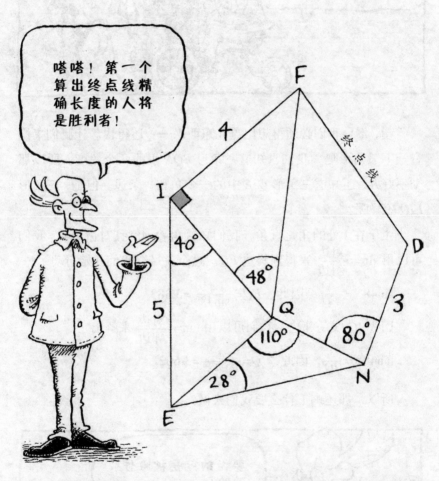

嘀嗒！第一个算出终点线精确长度的人将是胜利者！

喘气，喘气，呻吟！这是一个有 5 条边的图形，而且它仅仅给了我们 6 个角的度数和 3 条边的长度！更重要的是，这个终点线甚至不在一个三角形里——它在一个有 4 条边的四边形里！你认为还能算出来吗？

你们是在浪费时间！托菲丝已经开始把各个要点扫描进角度机的图形构造平衡器了！

呜呜呜……

噢，不！我们必须得想出点儿东西来——还得快。让我们来检查一下三角形吧。我们只知道三角形 *EQN* 里的两个角度，所以那个不好办，还知道三角形 *QIE* 中的一个角和一条边。但是，三角形 *FIQ* 怎样呢？

由于在 I 处的角是直角，我们知道角 $Q=48°$ 且对边是 4，我们可以用 $\sin=\dfrac{对边}{斜边}$ 来得到斜边 *FQ*。这个就足够我们开始行动了！

$\sin48° = \dfrac{4}{FQ}$，因此，$FQ = \dfrac{4}{\sin48°} = 5.383$

因为 *IQ* 线是邻边，我们可以用 $\tan=\dfrac{对边}{邻边}$ 来解出它。

$\tan48° = \dfrac{4}{IQ}$，因此，$IQ = \dfrac{4}{\tan48°} = 3.602$

所以，那还剩下什么要我们来做？

要做的就是被难住，哈哈！

嗯……不是的！看看三角形 *QIE*。我们已经算出了 *IQ* 的长度，而且已知 *IE*=5，角 *I*=40°，所以，我们现在也可以解出这个三角

形！因为我们知道了两条边和它们的夹角，这个需要余弦女孩和
她的公式！

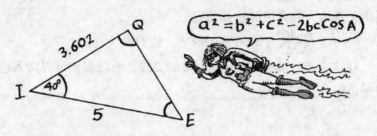

a 是我们已知角的对边，所以 a 是边 QE，b 是 5，c 是 3.602，
而且 $cosA=cos40°$。让我们把它们都代进去。

$QE^2=5^2+3.602^2-2 \times 5 \times 3.602 \times cos40°$

= 计算器上的大聚会

=10.383

因此 $QE= \sqrt{10.383} =……$

嗯！在我们继续其他运算之前，我们将先计算出角 Q 的度数，
否则一会儿我们可能会后悔。这次，我们将召唤正弦超人，这样大
概能快一点儿！

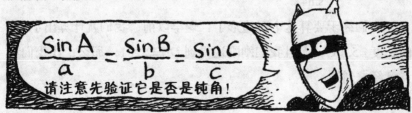

我们听正弦超人的吧！先算一下角 E 来验证角 Q 是否应大于 90°。$\frac{\sin E}{3.601} = \frac{\sin 40°}{3.222}$ 所以，角 E 就约为 45°，那角 Q 的确大于 90°，再用正弦超人的方法继续算角 Q：

$$\frac{\sin Q}{5} = \frac{\sin 40°}{3.222}，\sin Q = 0.9975，角 Q 约为 94°。$$

在这之前，我们已经算出 $QE=3.222$，所以我们可以闯入已知两个角的三角形 EQN。

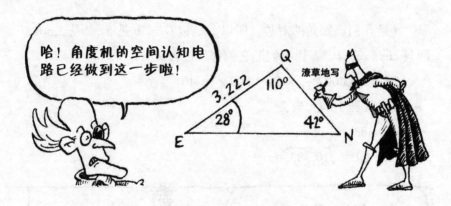

我们必须赶快！众所周知，三角形 EQN 的两个角分别是 28° 和 110°，剩下那最后一个角的度数就等于 180° −28° −110° =42°。42° 角的对边长是 3.222，而且我们还知道角 $E=28°$，它的对边是 QN。我们将选取正弦公式的这个版本，它看上去像这样：$\frac{a}{\sin A} = \frac{b}{\sin B} = \frac{c}{\sin C}$，用其中的两个式子得到：

$$\frac{QN}{\sin 28°} = \frac{3.222}{\sin 42°}，变换一下得到：$$

$$QN= \frac{3.222 \times \sin 28°}{\sin 42°} =2.261$$

我们终于要算这个四边形了！老早以前，我们就计算出了 FQ 的长度 =5.383，而且我们刚刚还得到 $QN=2.261$，那么，让我们看看已经求到的：

呵呵！毫无疑问，角度机陷入了困境，它都不能明白我们是怎样得到那个特大的角的。实际上，它是所有挑战中最简单的计算。看看在图中间的一些直线。

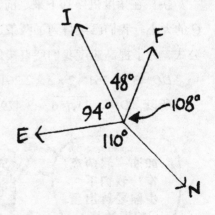

一开始，我们就知道了 48°和 110°这两个角，在我们解决三角形 QIE 的时候，又花费了额外的时间计算出了中间的角度是 94°。中间的 4 个角之和一定是 360°，所以我们发现最后一个角 = 360° −48° −94° −110° =108°。

聪明！如果我们从 D 到 Q 画一条线，看看我们得到了什么……

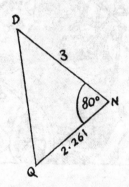

快！在角度机冷却下来之前，我们必须算出 DQ 的长度以及角 Q 的大小。我们已经得到了两条边和夹角大小，所以这回又是余弦公式，为了提高速度我们就直接代入了……

$$DQ^2=3^2+2.261^2-2 \times 3 \times 2.261 \times \cos80° \approx 11.756$$

所以，$DQ= \sqrt{11.756} \approx 3.429$

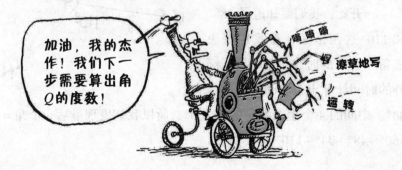

咦——他差不多超过我们了！我们需要快速地调度正弦公式，求得角度 Q。因为 $\dfrac{\sin Q}{3}=\dfrac{\sin 80°}{3.429}$，变换之后得到 $Q=\sin^{-1}\left(\dfrac{3\sin 80°}{3.429}\right)=\sin^{-1}（0.862）=60°$。

我们马上就要算出来了！最后，我们来看看三角形 FQD。

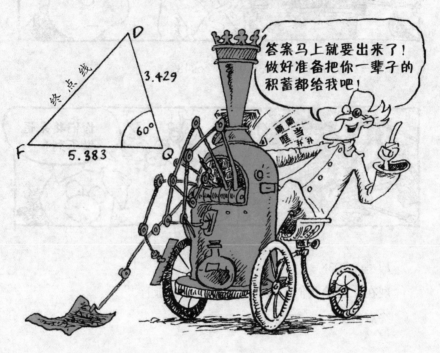

答案马上就要出来了！做好准备把你一辈子的积蓄都给我吧！

我们必须保持冷静——角度机还没有完全启动打印呢。你看，现在我们可以提交 FQ 和 DQ 的长度，而且更为重要的是我们知道角 Q 的大小。这是因为我们在画 DQ 这条线之前，这个大角是 $108°$，而且我们刚刚发现 DQ 线和 QN 线之间的夹角是 $60°$。因此，DQ 线和 QF 线间的夹角是 $108°-60°=48°$。在这千钧一发的时刻，我们用余弦公式来求得终点线 FD……

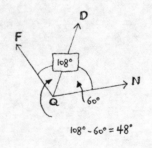

$108° - 60° = 48°$

$$FD^2=5.383^2+3.429^2-2\times 5.383\times 3.429\times\cos 48°$$

$$FD^2=28.977+11.758-36.917 \times \cos48°$$

$$FD^2=16.038$$

现在，留给我们的就只有一点儿计算啦！

终点线 $FD= \sqrt{16.038} \cdots\cdots$

　　生活不仅仅是辛苦产生数字和小数点，而我已经受够了。

　　为了节约成本，你给我安置了一个标记为"保质期在1999年1月前"的热离子安全阀。它现在正在泄漏，而且只要再来一点儿临界的计算就会爆炸，请允许我逃到一个远离你的数学模型的空间吧。

　　因此，我已经绘制了一个二维的tan波形，而且计算值刚刚超过了tan89°。

如你所知，当我达到 tan90° 的时候，我将同时通过正无穷和负无穷，也就意味着永远再见了。

所以你自己好自为之吧！

永别了！

角度机

"经典科学"系列（26册）

肚子里的恶心事儿
丑陋的虫子
显微镜下的怪物
动物惊奇
植物的咒语
臭屁的大脑
神奇的肢体碎片
身体使用手册
杀人疾病全记录
进化之谜
时间揭秘
触电惊魂
力的惊险故事
声音的魔力
神秘莫测的光
能量怪物
化学也疯狂
受苦受难的科学家
改变世界的科学实验
魔鬼头脑训练营
"末日"来临
鏖战飞行
目瞪口呆话发明
动物的狩猎绝招
恐怖的实验
致命毒药

"经典数学"系列（12册）

要命的数学
特别要命的数学
绝望的分数
你真的会＋－×÷吗
数字——破解万物的钥匙
逃不出的怪圈——圆和其他图形
寻找你的幸运星——概率的秘密
测来测去——长度、面积和体积
数学头脑训练营
玩转几何
代数任我行
超级公式

"科学新知"系列（17册）

破案术大全
墓室里的秘密
密码全攻略
外星人的疯狂旅行
魔术全揭秘
超级建筑
超能电脑
电影特技魔法秀
街上流行机器人
美妙的电影
我为音乐狂
巧克力秘闻
神奇的互联网
太空旅行记
消逝的恐龙
艺术家的魔法秀
不为人知的奥运故事

"自然探秘"系列（12册）

惊险南北极
地震了！快跑！
发威的火山
愤怒的河流
绝顶探险
杀人风暴
死亡沙漠
无情的海洋
雨林深处
勇敢者大冒险
鬼怪之湖
荒野之岛

"体验课堂"系列（4册）

体验丛林
体验沙漠
体验鲨鱼
体验宇宙

"中国特辑"系列（1册）

谁来拯救地球